金盘地产传媒有限公司 策划
广州市唐艺文化传播有限公司 编著

欧洲古典建筑元素

2

从古罗马宫殿到现代民居

文艺复兴时期　复古思潮时期

中国林业出版社
China Forestry Publishing House

图书在版编目（C I P）数据

欧洲古典建筑元素 : 从古罗马宫殿到现代民居. 2 / 广州市唐艺文化传播有限公司编著. -- 北京 : 中国林业出版社, 2017.11
ISBN 978-7-5038-9363-6

Ⅰ. ①欧… Ⅱ. ①广… Ⅲ. ①古建筑－建筑艺术－欧洲 Ⅳ. ①TU-881.5

中国版本图书馆 CIP 数据核字 (2017) 第 280371 号

欧洲古典建筑元素 : 从古罗马宫殿到现代民居 . 2

编　　著: 广州市唐艺文化传播有限公司
策划编辑: 高雪梅
文字编辑: 高雪梅
装帧设计: 刘小川　陶　君

中国林业出版社 · 建筑分社
责任编辑: 纪　亮　王思源

出版发行: 中国林业出版社
出版社地址: 北京西城区德内大街刘海胡同7号, 邮编: 100009
出版社网址: http://lycb.forestry.gov.cn/
经　　销: 全国新华书店
印　　刷: 深圳市雅仕达印务有限公司
开　　本: 1016mm×1320mm 1/16
印　　张: 21.75
版　　次: 2018年3月第1版
印　　次: 2018年3月第1版
标准书号: ISBN 978-7-5038-9363-6
定　　价: 349.00元

欧洲古典建筑元素

2

从古罗马宫殿到现代民居

文艺复兴时期、复古思潮时期

目录

文艺复兴时期

古典主义建筑

复古思潮时期

新古典主义建筑

古典主义建筑

法国在17世纪到18世纪初的路易十三和路易十四专制王权极盛时期，开始竭力崇尚古典主义建筑风格，建造了很多古典主义风格的建筑。古典主义建筑强调表现王权，表现专制国家的力量。这使得古典主义建筑严正、高贵、神圣，酷爱秩序和宏大的体量，透露出一种理想的英雄主义情绪。法国古典主义建筑的代表作是规模巨大、造型雄伟的宫廷建筑和纪念性的广场建筑群。这一时期法国王室和权臣建造的离宫别馆和园林，为欧洲其他国家所仿效。

随着古典主义建筑风格的流行，巴黎在1671年设立了建筑学院，学生多出身于贵族家庭，他们瞧不起工匠和工匠的技术，形成了崇尚古典形式的学院派。学院派建筑和教育体系一直延续到19世纪，统治西欧的建筑业达200多年。法国古典主义建筑的代表作品有巴黎卢浮宫的东立面、凡尔赛宫和巴黎伤兵院新教堂等。凡尔赛宫不仅创立了宫殿的新形制，而且在规划设计和造园艺术上都为当时欧洲各国所效法。

在18世纪上半叶和中叶，国家性的、纪念性的大型建筑较17世纪显著减少。代之的是大量舒适安谧的城市住宅和小巧精致的乡村别墅。在这些住宅中，美奂的沙龙和舒适的起居室取代了豪华的大厅。

古典主义建筑以法国为中心，向欧洲其他国家传播，后来又影响到世界广大地区，在宫廷建筑、纪念性建筑和大型公共建筑中采用更多。世界各地许多古典主义建筑作品至今仍然受到赞美。

VIDEOSURVEILLANCE

PAVILLON SULLY

局部立面

CLEMENS·XII·PONT·MAX·ANNO·V
CHRISTO·SALVATORI
IN·HON·SS·IOAN·BAPT·ET·EVANG

PAVILLON MOLLIEN

屋　顶

屋顶：平顶

古典主义建筑摒弃了巴洛克的圆顶和法国传统的尖顶建筑风格，采用了平顶形式或低坡度屋顶，也有孟莎式屋顶，显得端正而雄浑。有些呈圆弧状的屋顶，顶部也是平的形式。屋顶周围的装饰，有的是三角形山墙，周围布满花纹，中间则是人物雕刻；有的是圆拱形装饰，上面有各种姿态的人物雕像；有的是好几个立着的小方塔，方塔上满布雕刻装饰；有成圈状的涡卷，也有单独的巨大涡卷及其他的花纹装饰。而在广场建筑中，屋顶大多是坡顶，带老虎窗，有着法国传统建筑的残迹。

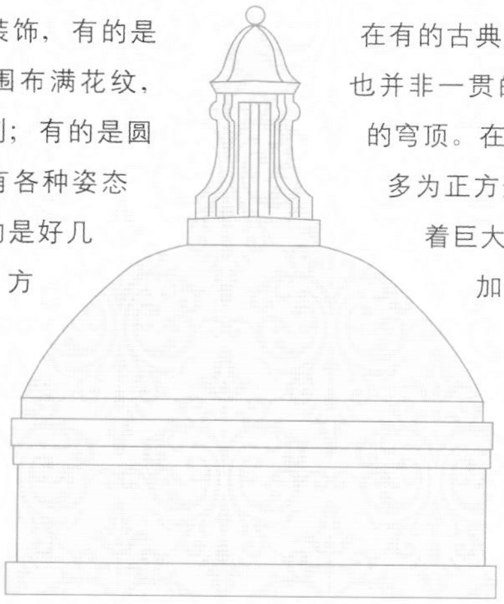

在有的古典主义建筑中，屋顶也并非一贯的平顶，而是巨大的穹顶。在教堂建筑中，平面多为正方形，中央顶部覆盖着巨大的穹隆，穹顶上会加一个文艺复兴时期惯用的采光亭。

1874
1875

1874
1878

MDCCCCIV

墙

墙：灰色，古朴

古典主义建筑讲究以数为美的表达方式，建筑师认为最美的直线形是“黄金分割”的矩形，所以在建筑上格外重视造型的体量感与外在比例，在尺度上也无一不体现着均衡和匀称，这在墙方面也体现得很明显。

古典主义建筑的外墙主要采用灰色的石材铺砌，显示着法式建筑的厚重感，立面常显对称，使建筑整体古朴、典雅、稳重。墙上有粗细不等的线条装饰，也有做成石块状的纹路，墙底部为多线条的墙踢脚。

窗

窗：对称，分割成小网格

古典主义建筑的窗户秉承古典主义对称与和谐的原则，左右或上下成对，分割成许多小网格，形状一般为矩形或圆拱形，与古典主义建筑的整体风格相搭配。每个窗户的装饰都各不相同，有无装饰的，有简单装饰的，也有复杂装饰的。古典主义建筑的窗户与文艺复兴建筑的窗户相似，有大量的人物雕刻、山花及涡卷装饰。拱形窗户的两边还有竹子，既装饰了窗户，又支撑了拱券。在窗户框的四周还会布满花纹装饰。

150
75
650
75

PAVILLON TURGOT

PAVILLON MOLLIEN

370
260
340
366
289
360
366
630
340

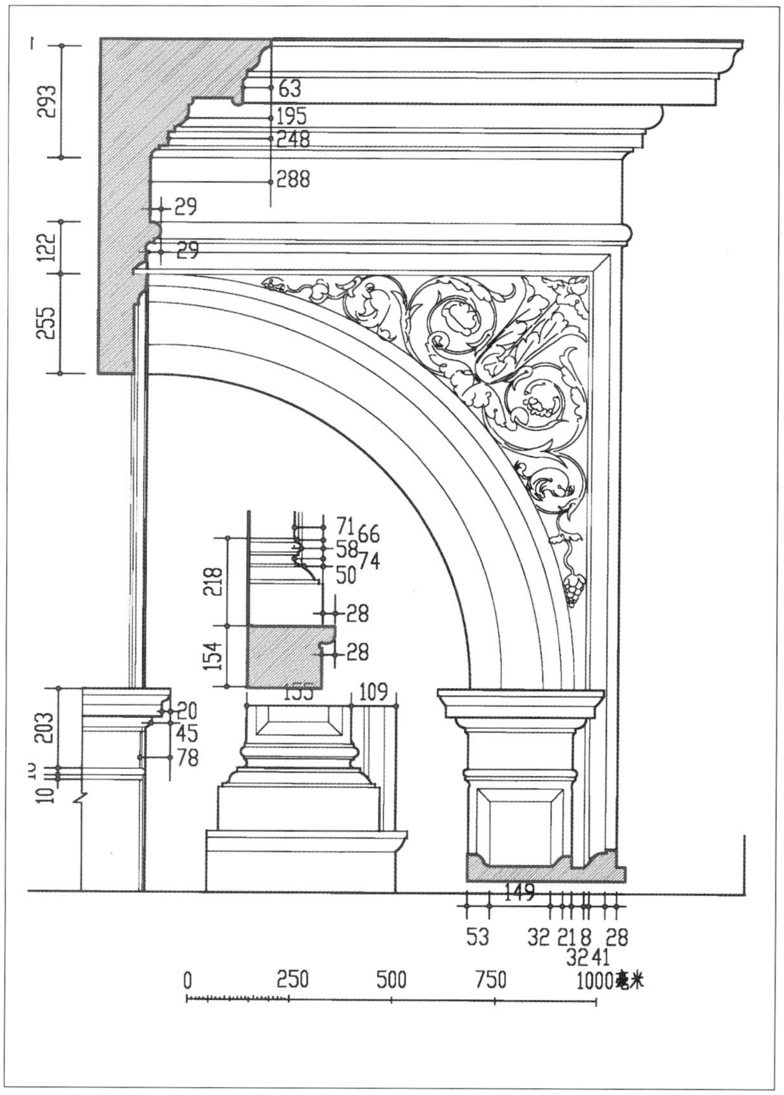
293
63
195
248
288
29
122
29
255
71
66
58
74
50
218
28
154
28
155
109
203
20
45
78
10
149
53
32 218 28
3241
0
250
500
750
1000毫米

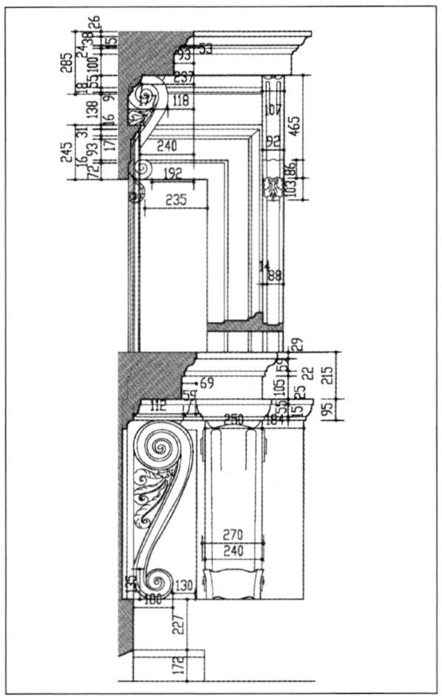

DOUBLEMARD

140
130
210

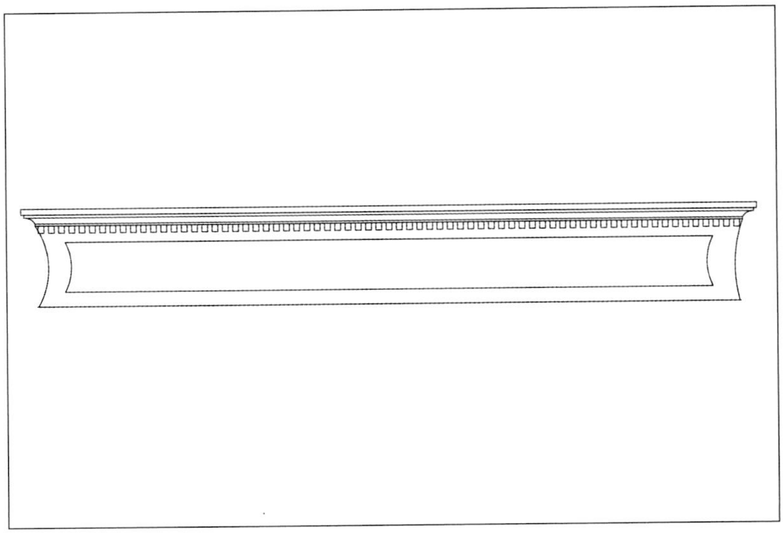

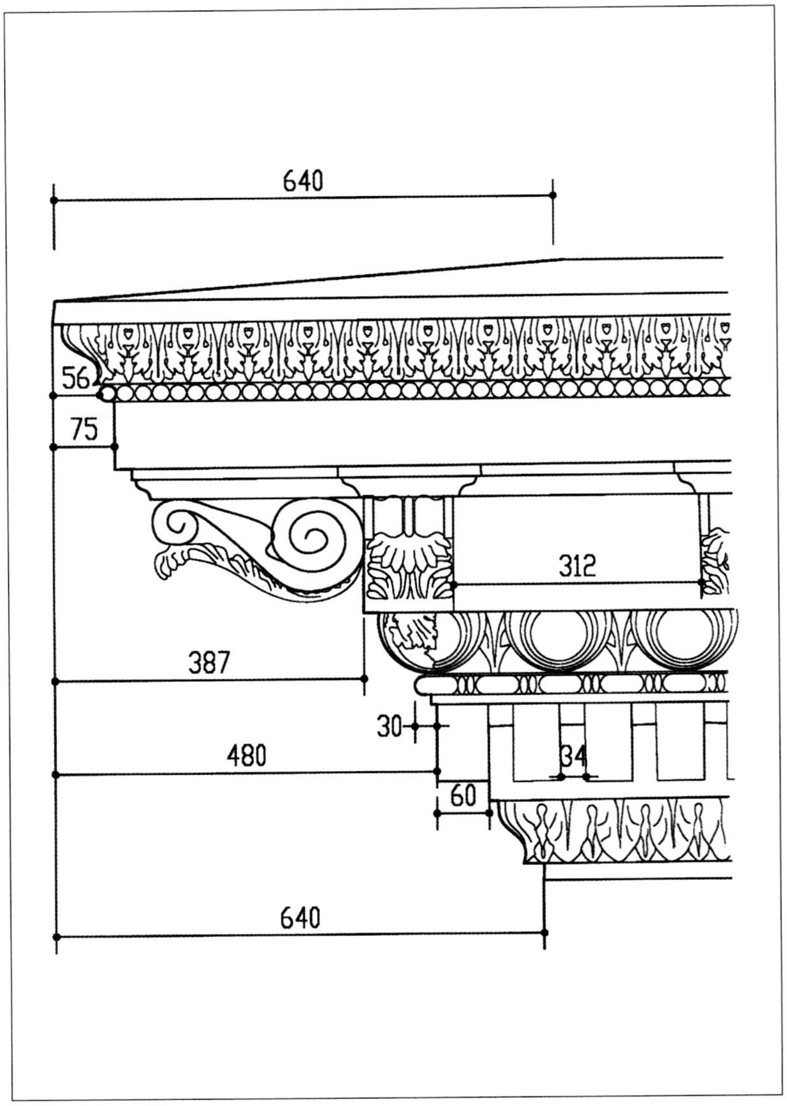
640
56
75
312
387
30
480
34
60
640

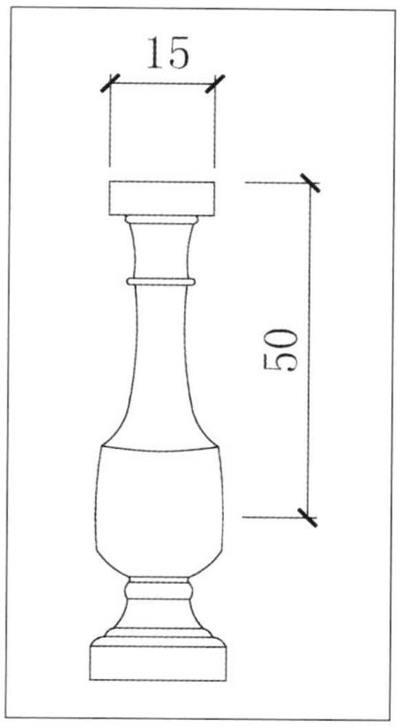
15
50

PAVILLON DE LA TREMOILLE

门

门：矩形，圆拱形，铁艺门

古典主义建筑的门也讲求对称，不管是矩形门、拱门或铁艺门。有些玻璃门上也被分成许多小网格，左右对称。门的周围均有雕刻装饰：或是人物雕像，或山花、涡卷装饰。有的门上面有三角形山墙或圆拱装饰，有的有小窗洞，两边配有人物雕刻。有的门两边还有巨柱：有多立克式、科林斯式及组合式。铁艺门则有巴洛克的风格，色彩绚丽，装饰精美，有做成太阳的形状，也有涡卷形状和花朵形状。

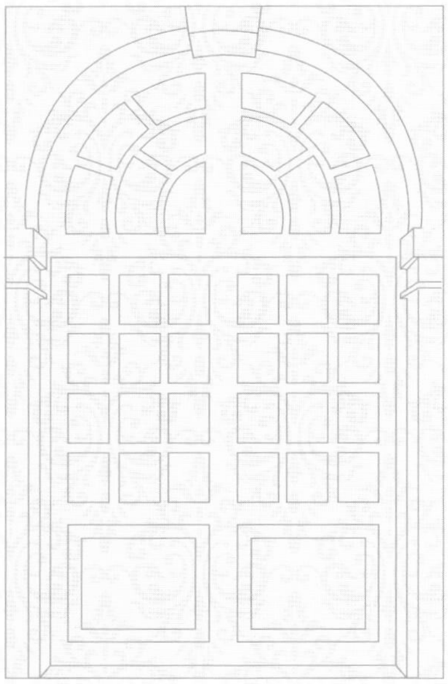

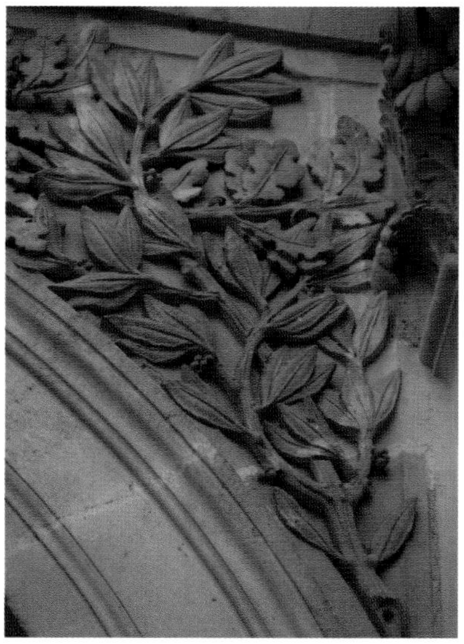

ES ARTS DÉCORATIFS

Sortie Exit Salida
Jardins Gardens Jardines

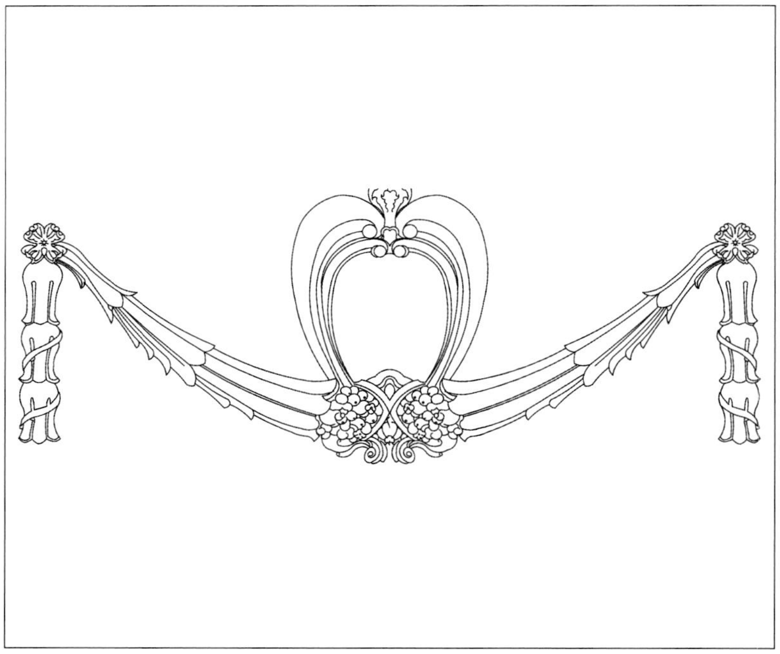

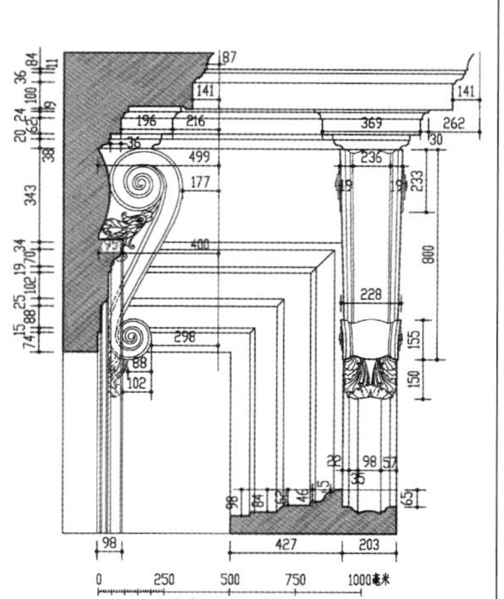

入口大门正面及剖面

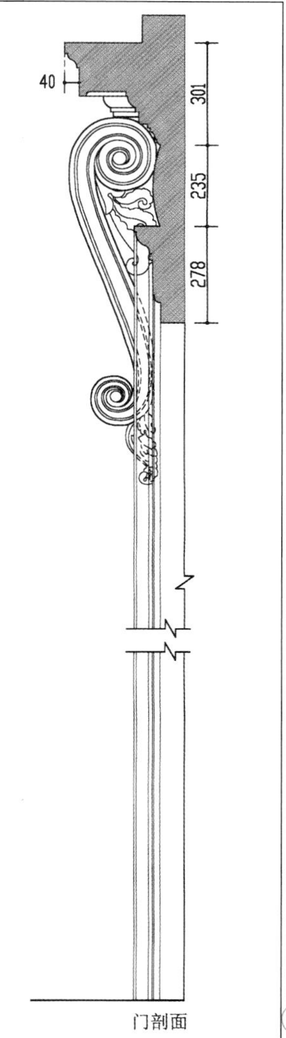

门剖面

CŒLE
NCTA

CŒLE
NCTA

MUSEU D'ART MODERN

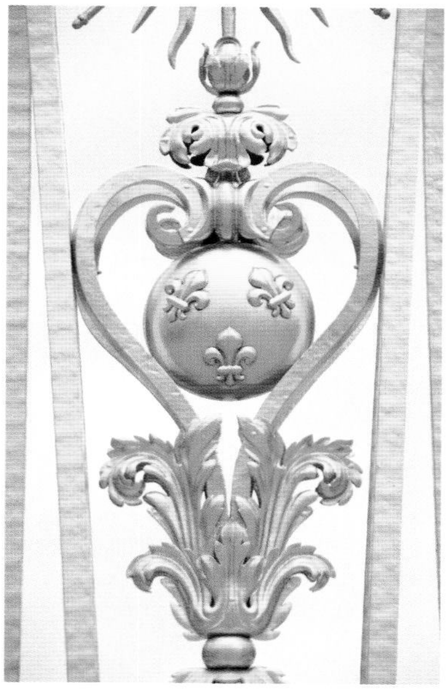
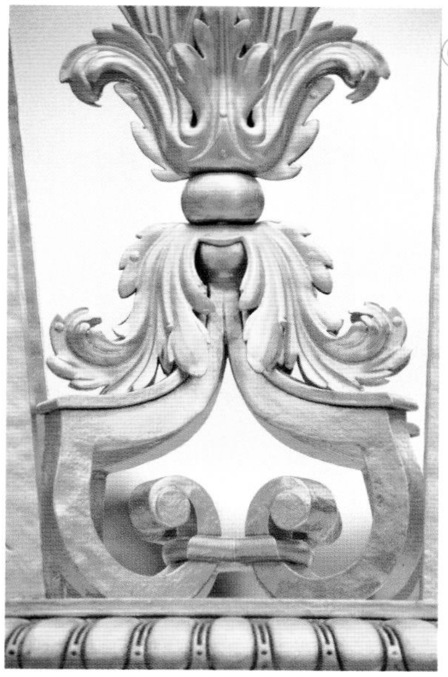

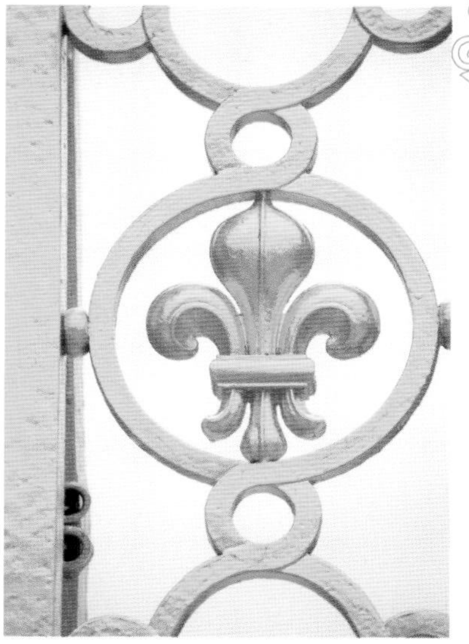
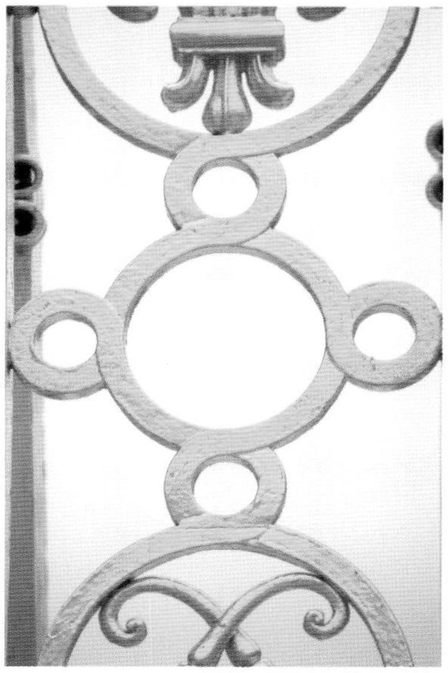

柱

柱：巨柱

与意大利巴洛克建筑温情动人的印象成明显反差，法国古典主义建筑的外观会让百姓产生一种敬畏的感觉。立面的结构层次十分清晰：中段为两层高的巨柱式柱子，采用双柱组合形成柱廊，双柱柱廊具有很强的立体感。

由于崇拜古罗马建筑，古典主义者对柱式拥戴备至。崇奉柱式，又标榜“合理性”“逻辑性”，反对柱式同拱券结合，主张柱式只能有梁柱结构的形式。在构图的主要手段上，用巨柱式控制整个构图。巨柱式起源于古罗马，在意大利文艺复兴时期比较经常使用。在法国的古典主义建筑中，它被突出地当作构图的主要手段。底层常常处理成基座，而且形成了一套程式。巨柱式减少了分划和重复，既能简化构图，又使构图能有变化，并且统一完整。

混合柱

混合柱

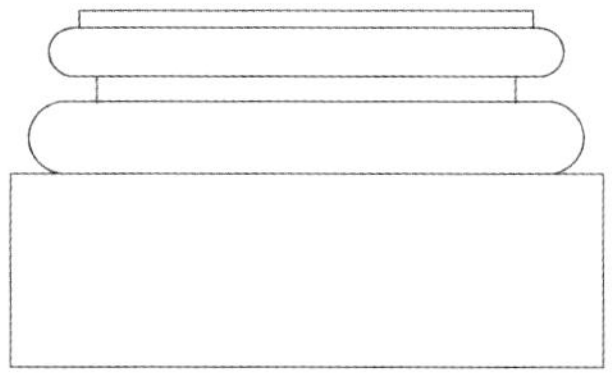

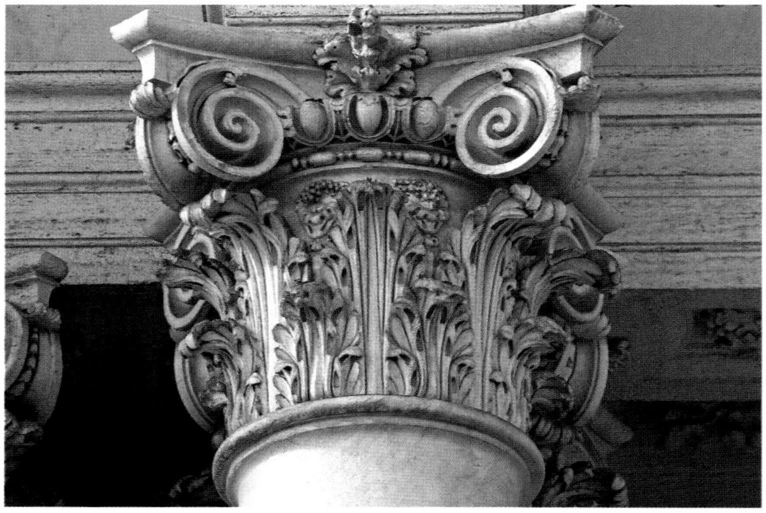

IN·HON
NCTA
FVERVNT
SIC NOS EX TOTO CONVERSI

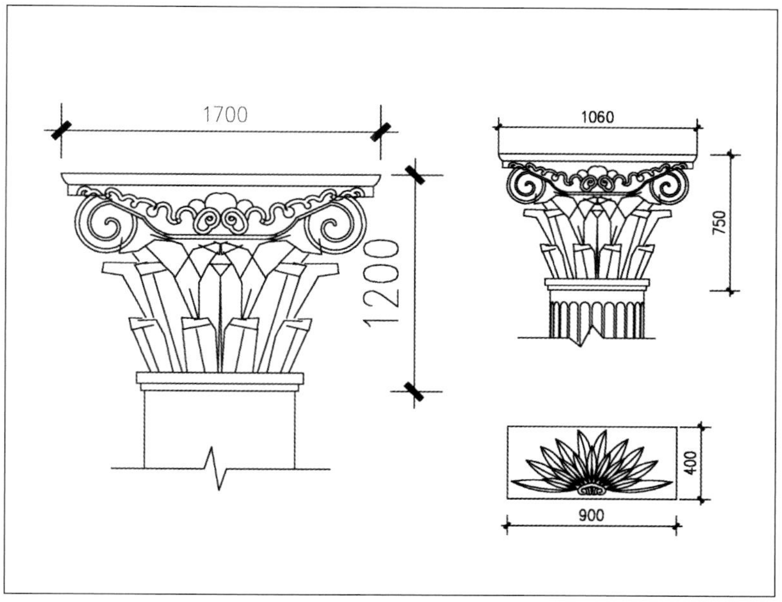
1700
1200
1060
750
400
900

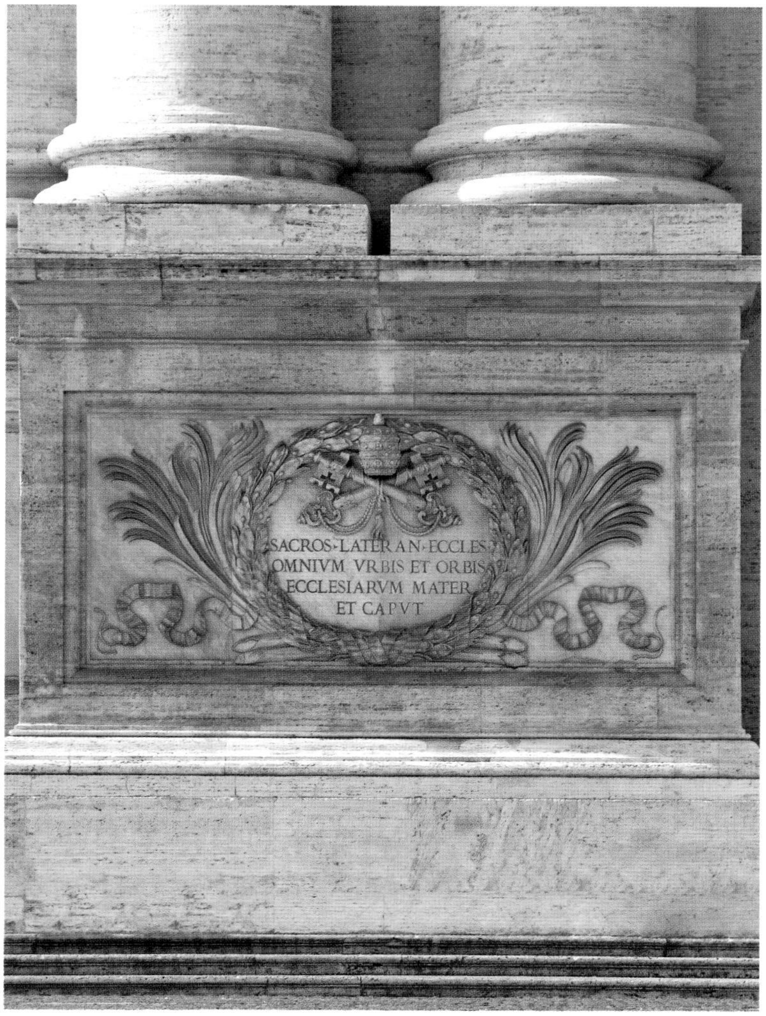
SACROS·LATERAN·ECCLES
OMNIVM VRBIS ET ORBIS
ECCLESIARVM MATER
ET CAPVT

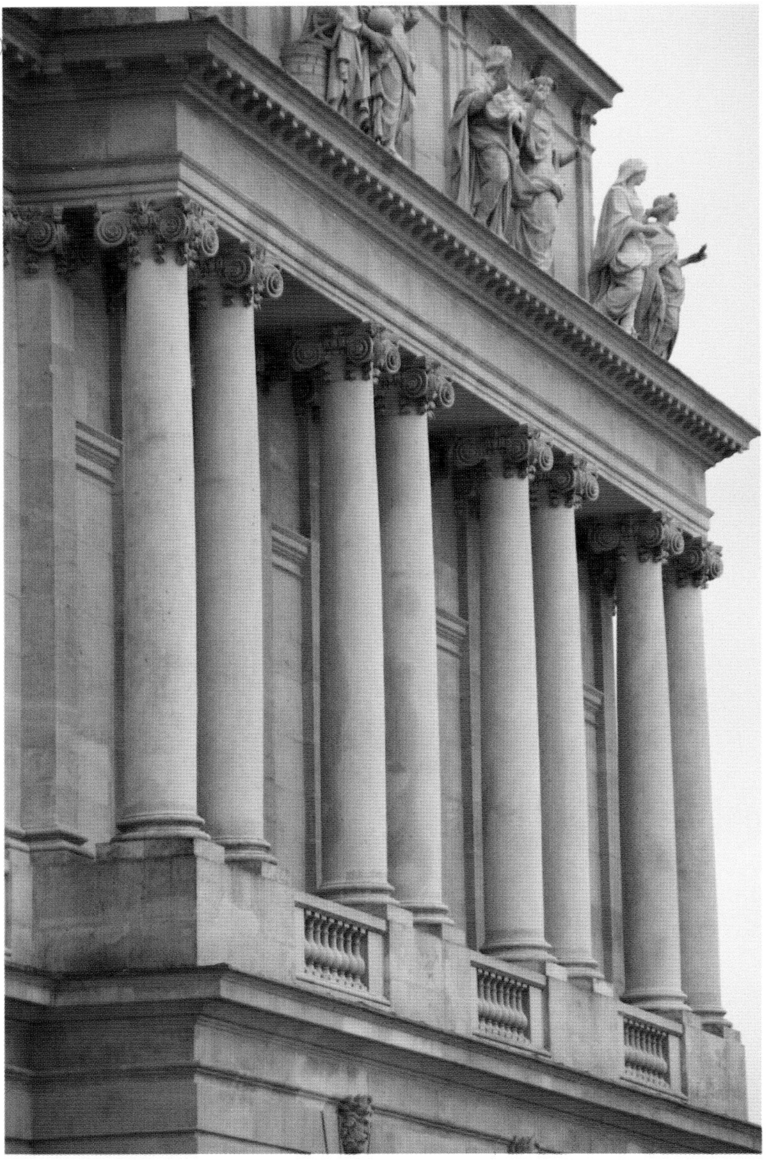

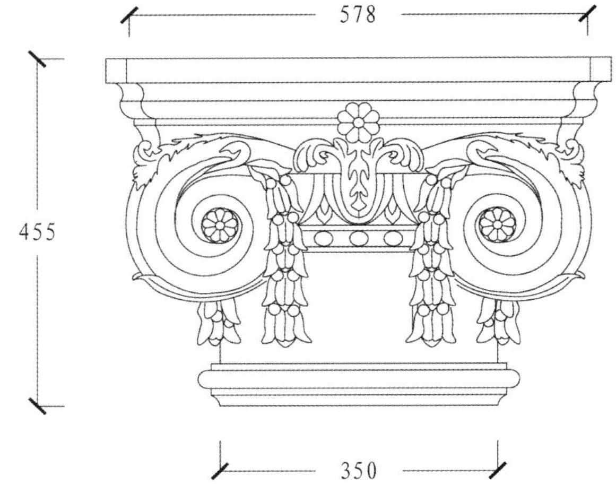
578
455
350

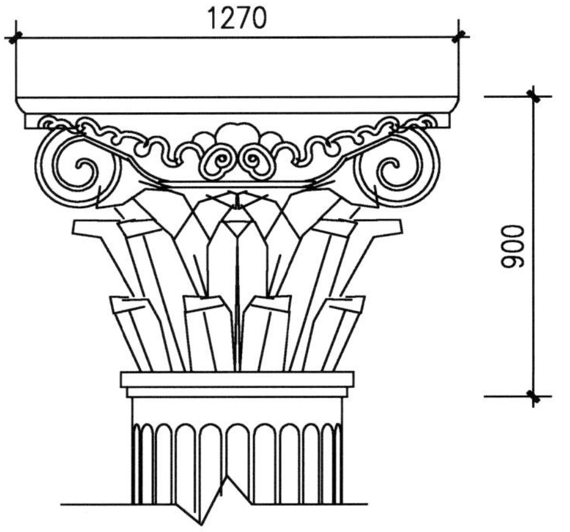
1270
900

500
1500

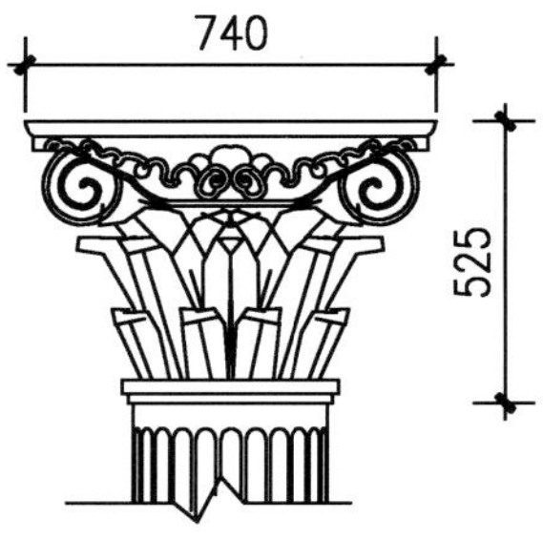
740
525

柱头立面

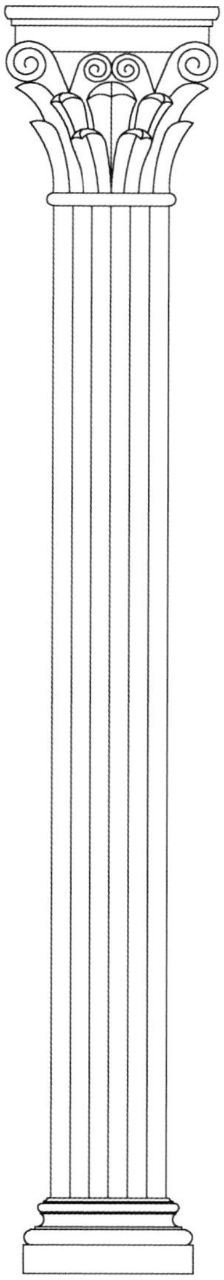

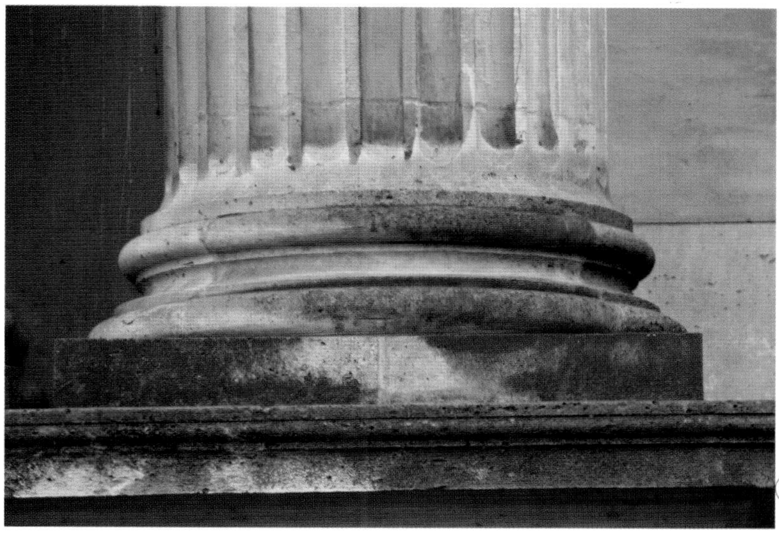

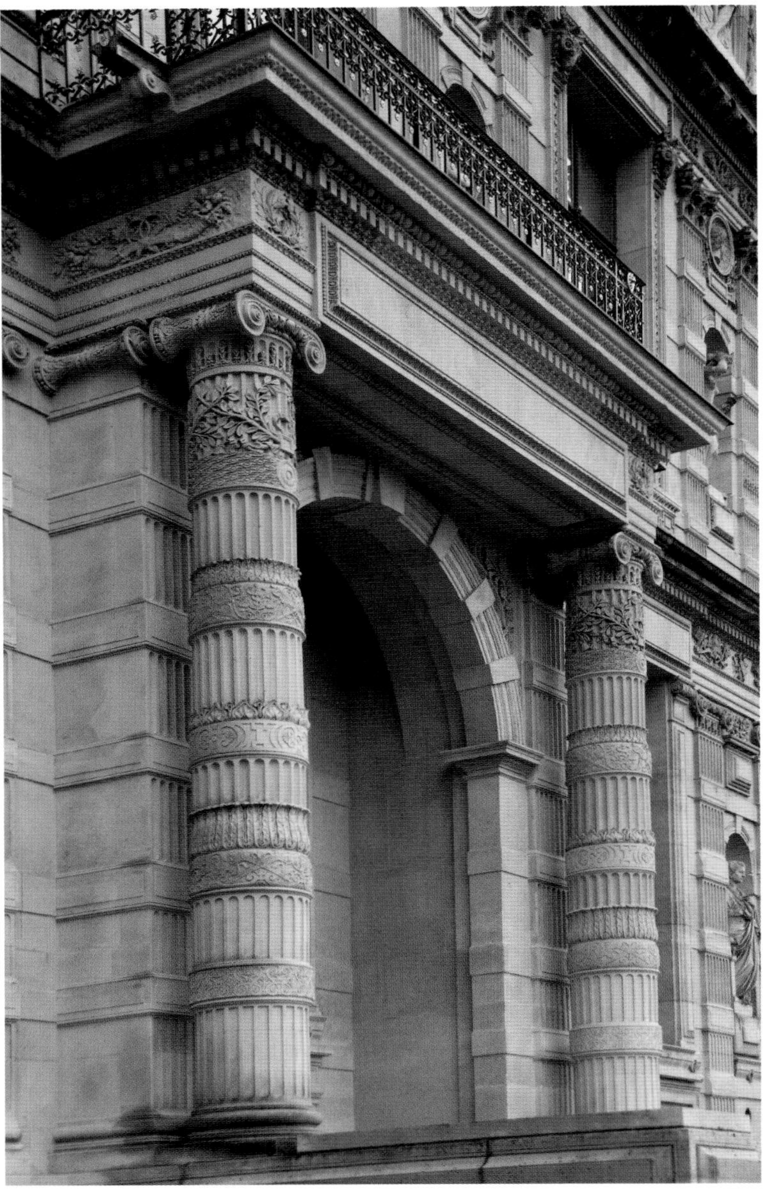

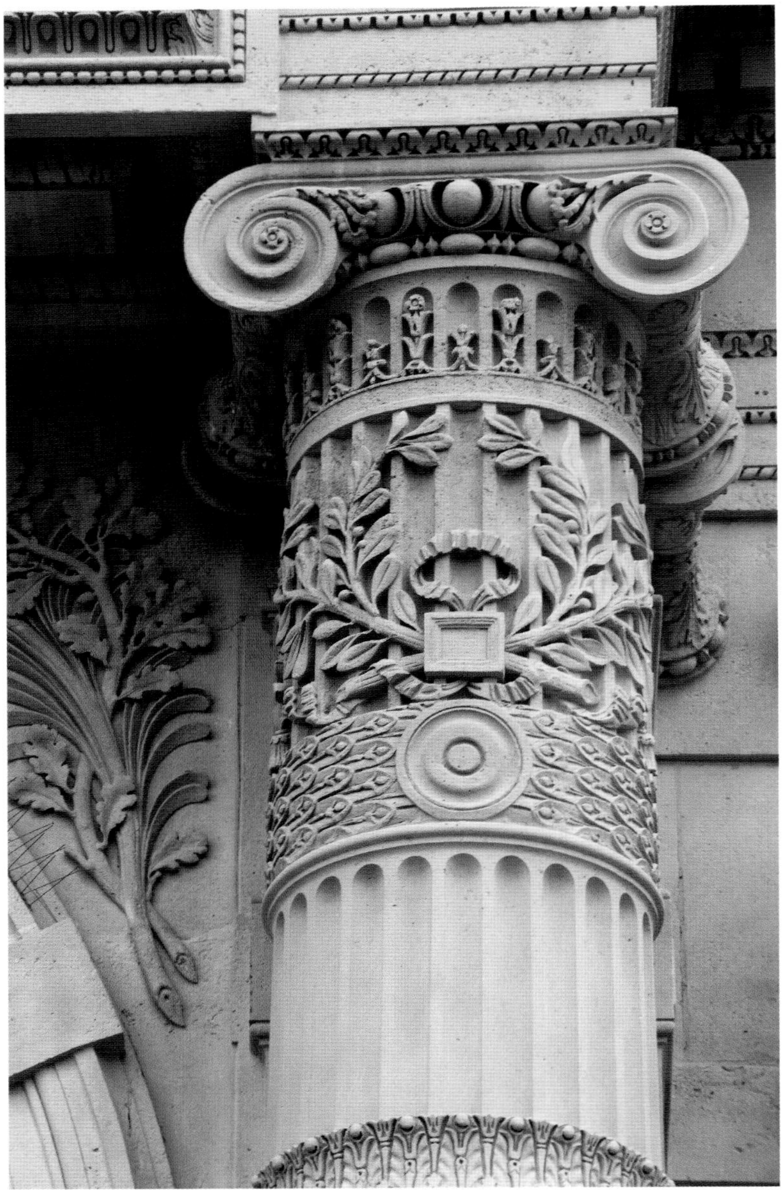

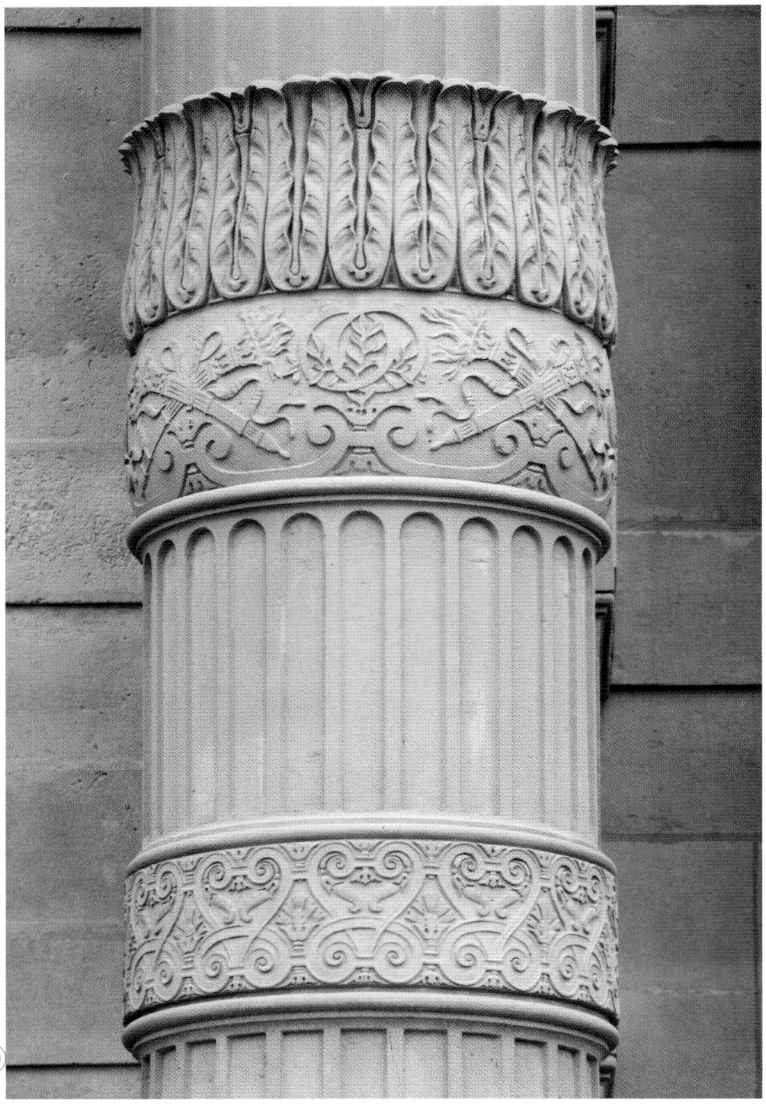

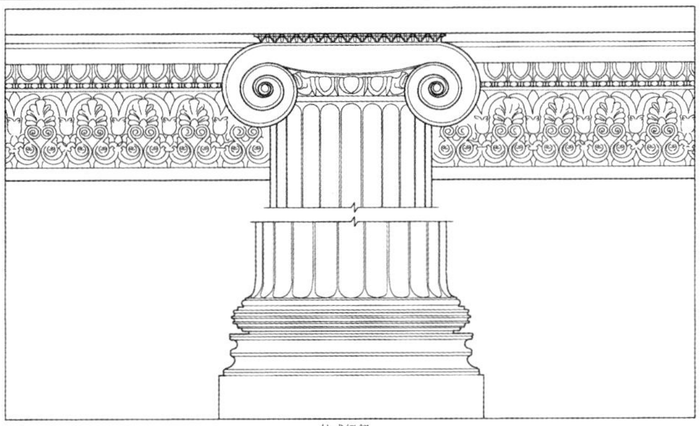

柱式细部

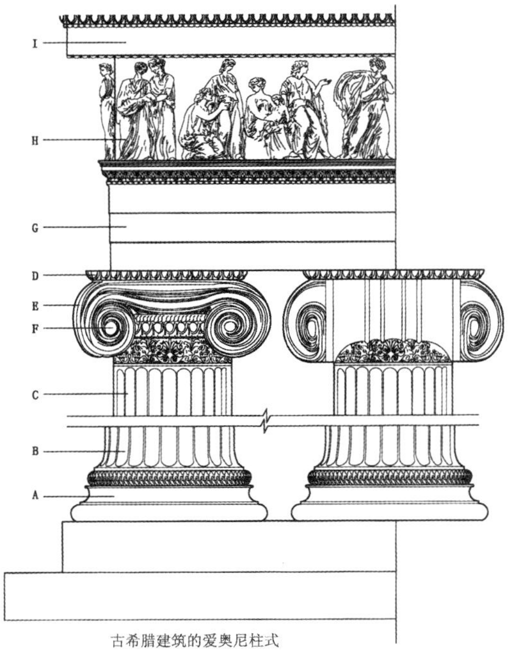

古希腊建筑的爱奥尼柱式

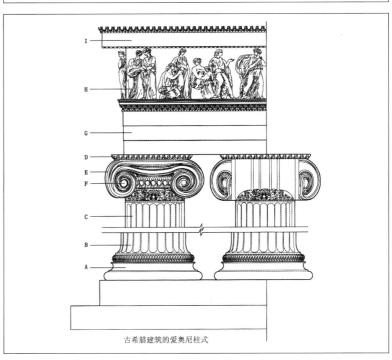

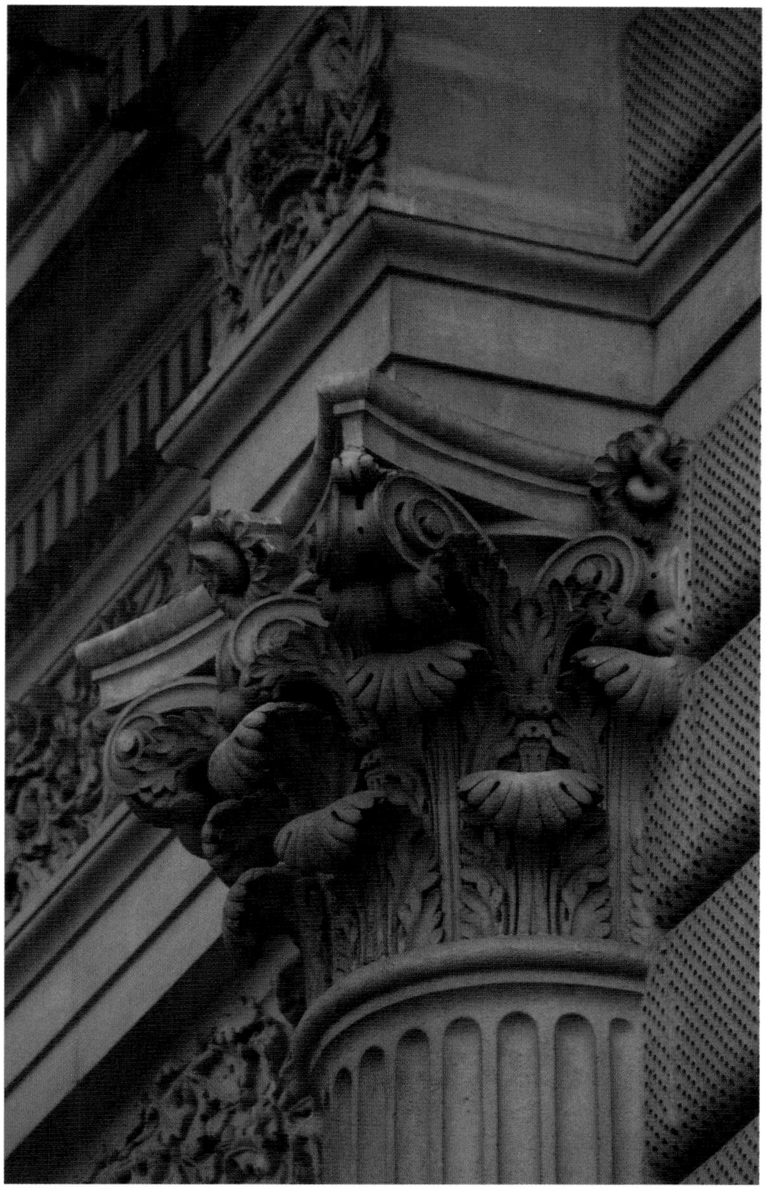

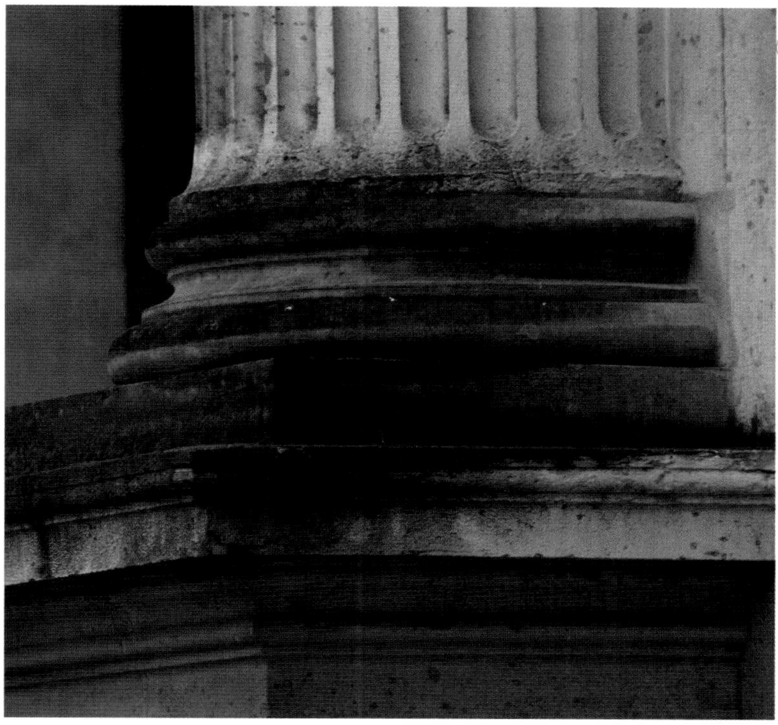

半圆柱

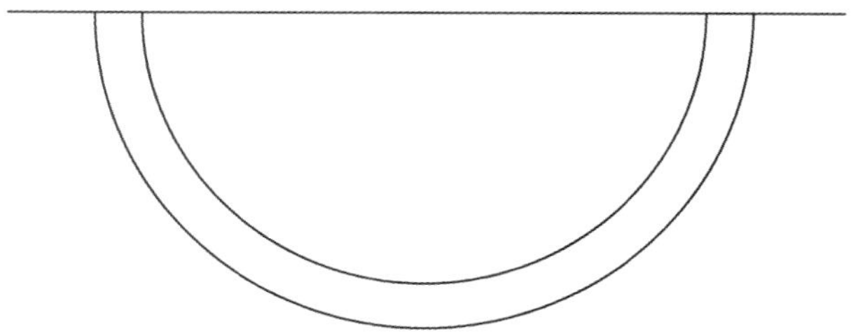

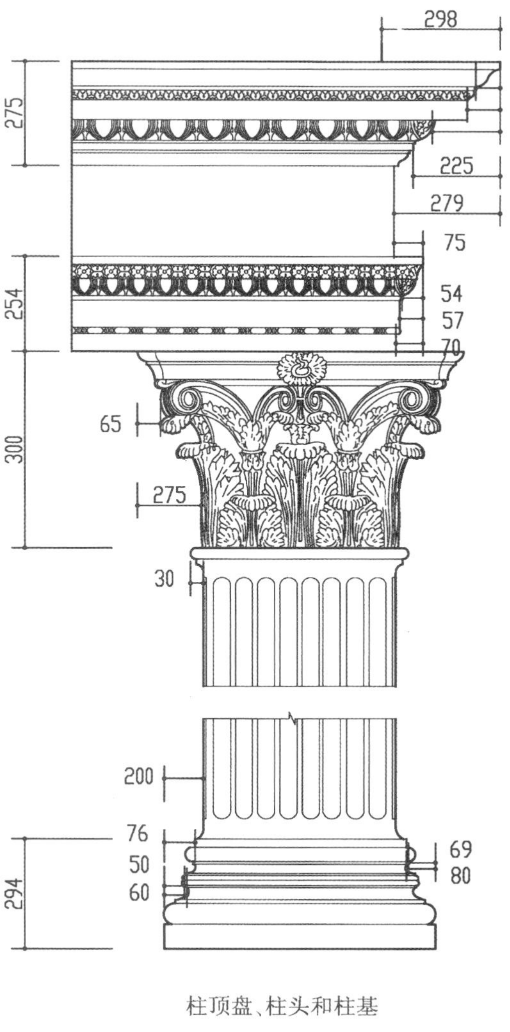

柱顶盘、柱头和柱基

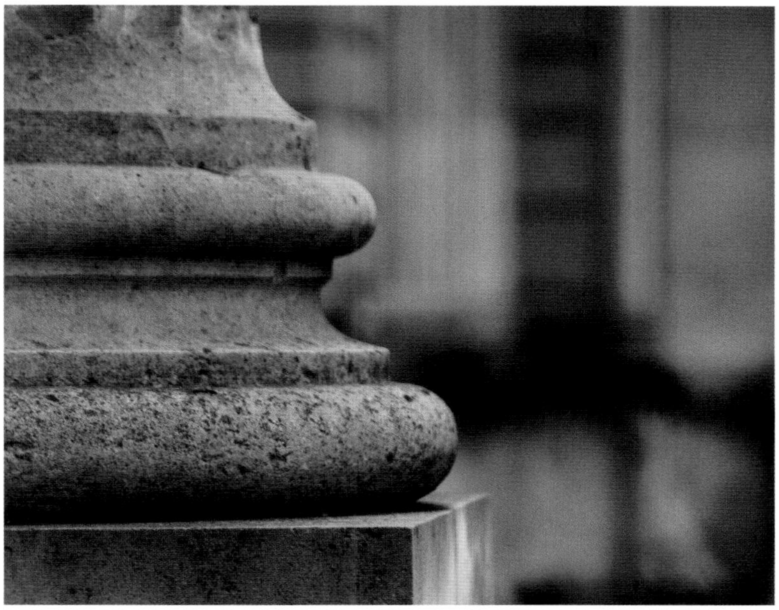

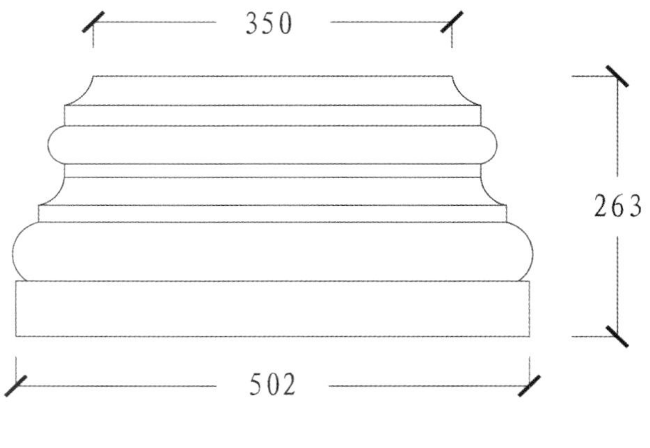

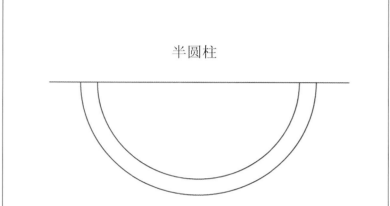

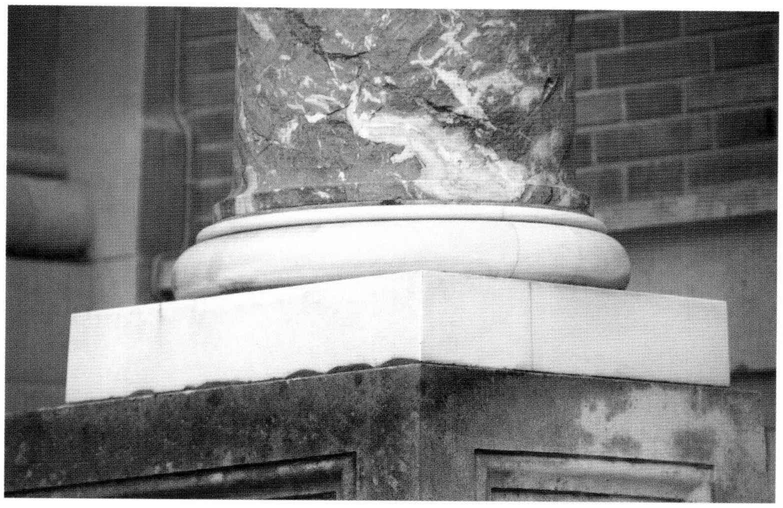

廊

廊：拱廊，柱廊

廊由方柱或圆柱一排排陈列而构成，有的廊两边都是柱子，有的一边是墙，一边是柱子。廊的顶部有的为拱顶，有的则为平顶。拱顶上一般有连续拱券及山花雕刻。平顶上也有许多的装饰，如刻上凹凸有致的花纹装饰，使顶部不至于太单一。有的柱廊采用双柱以增加其刚强感，空间相当开阔又强壮有力，并且造成了节奏的变化，使构图丰富，造型轮廓整齐，庄重雄伟，颇具古典主义的理性美。支撑顶部的柱子多为厚重的多立克柱。

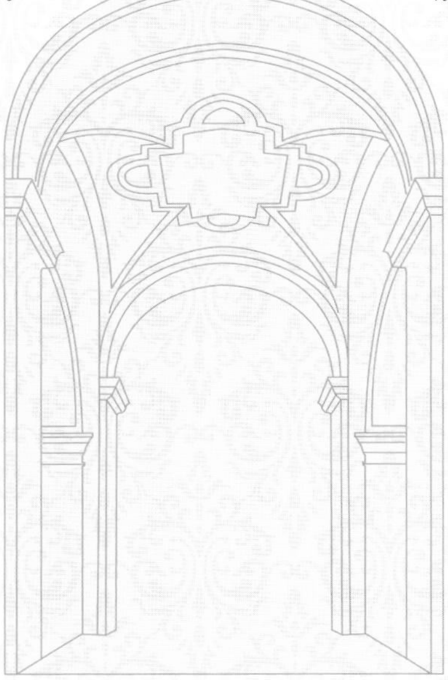

le Café Marly

拱　券

拱券：半圆形拱券

古典主义建筑的拱券被大量地运用于门、窗户及走廊上，并且时常是一长串连续的拱券。古典主义建筑的拱券以一种简化的形式表现出来，简洁有力，朴实高雅。有支撑在方柱或圆柱上的连续拱券，也有单个的拱券。顶部的花朵装饰，表现了建筑的典雅与高贵。拱券的外部装饰以山花为主，下面有由花瓶柱组成的栏杆。支撑拱券的柱子有科林斯柱，也有组合柱等。有的柱身呈螺旋状，有的则贴在墙上，露出一半的位置，看上去成了墙的一部分。有的拱券以弧形的线条装饰，也有做成粗糙的石块状组成的拱券。

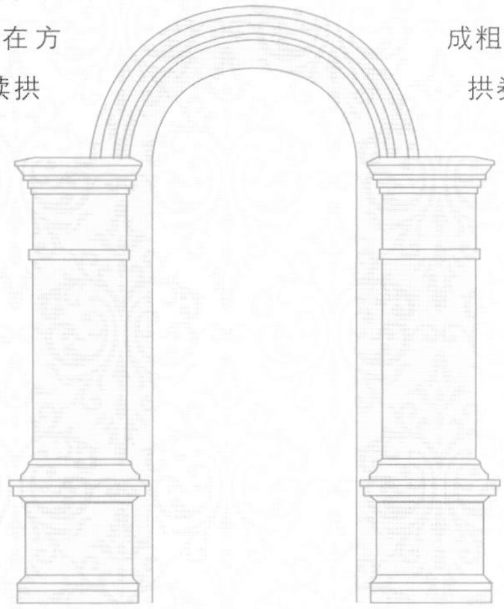

卢浮宫的拱券让每尊雕塑的灵魂都有了归属。走廊更是拱券的完美组合，拱券令整个宫殿更加宏伟壮观。

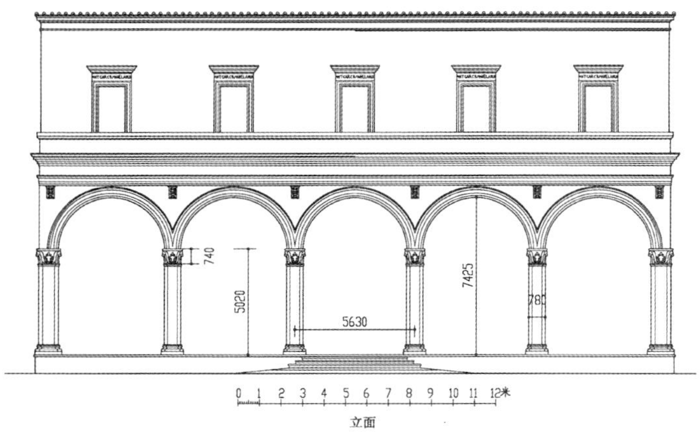

拱券立面

PAVILLON LESDIGUIERES

PAVILLON LESDIGUIERES

CHRISTO·SALVATORI·
S·XII·PONT·MAX·ANNO·V
N·HON·SS·IOAN·BAPT·ET

RISTO·SALVATO

装饰构件

装饰构件：浮雕，绘画

从外在的整体构图角度看，古典主义建筑与巴洛克建筑好像没有任何共同之处。但在很多细节处理上仍然凸显出巴洛克风格的独具匠心。王族们站在统治者的角度上为自己找到了这种最为恰当的展示方式。但作为荣华富贵的消费者和享受者，他们把巴洛克风格充分地运用于建筑内部的装饰上，其奢华程度决不逊色于天主教堂。

古典主义建筑外部常用雕像和山花进行装饰，而内部装饰却丰富多彩，豪华奢侈，在空间效果和装饰上有强烈的巴洛克风格。凡尔赛宫的内部陈设及装潢富于艺术魅力，内壁装饰以雕刻、巨幅油画及挂毯为主，配有造型超绝、工艺精湛的家具。太阳也是常用的主题，因为太阳是路易十四的象征，有时候还和兵器、盔甲一起出现在墙面上。除了用人像装饰室内外，狮子、鹰、麒麟等动物形象也经常用来装饰室内。有的还用金属铸造成楼梯栏杆，配上各种色彩的大理石，显得十分灿烂。

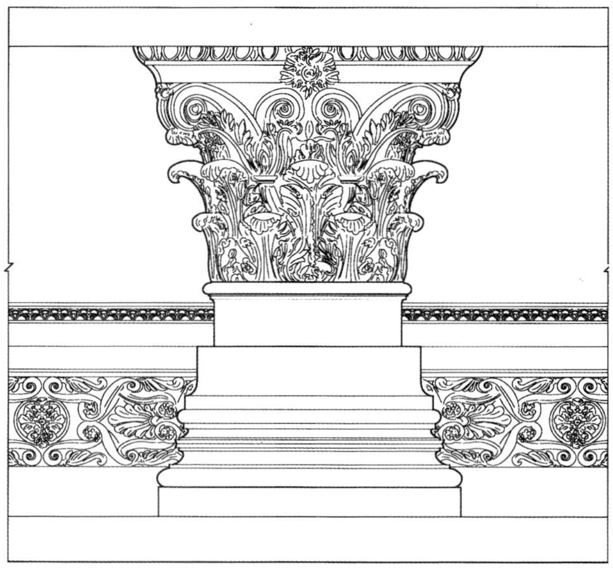

柱头及柱础细部

LEX

LEX

DOGMATE PAPALI DATVR AC SIMVL IMPERIALI

立面

ANNO V
CHRISTO·SALVATORI·
IN·HON

RISTO·SALVAT

LEPAUTE

1878
1879

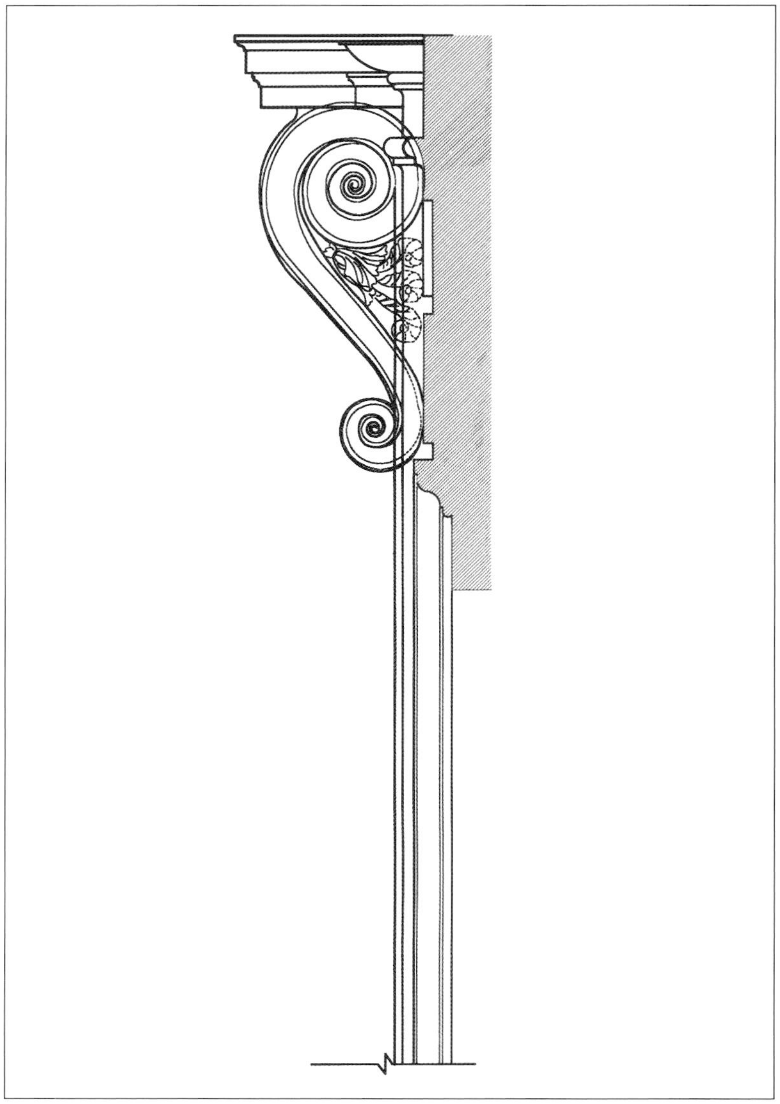

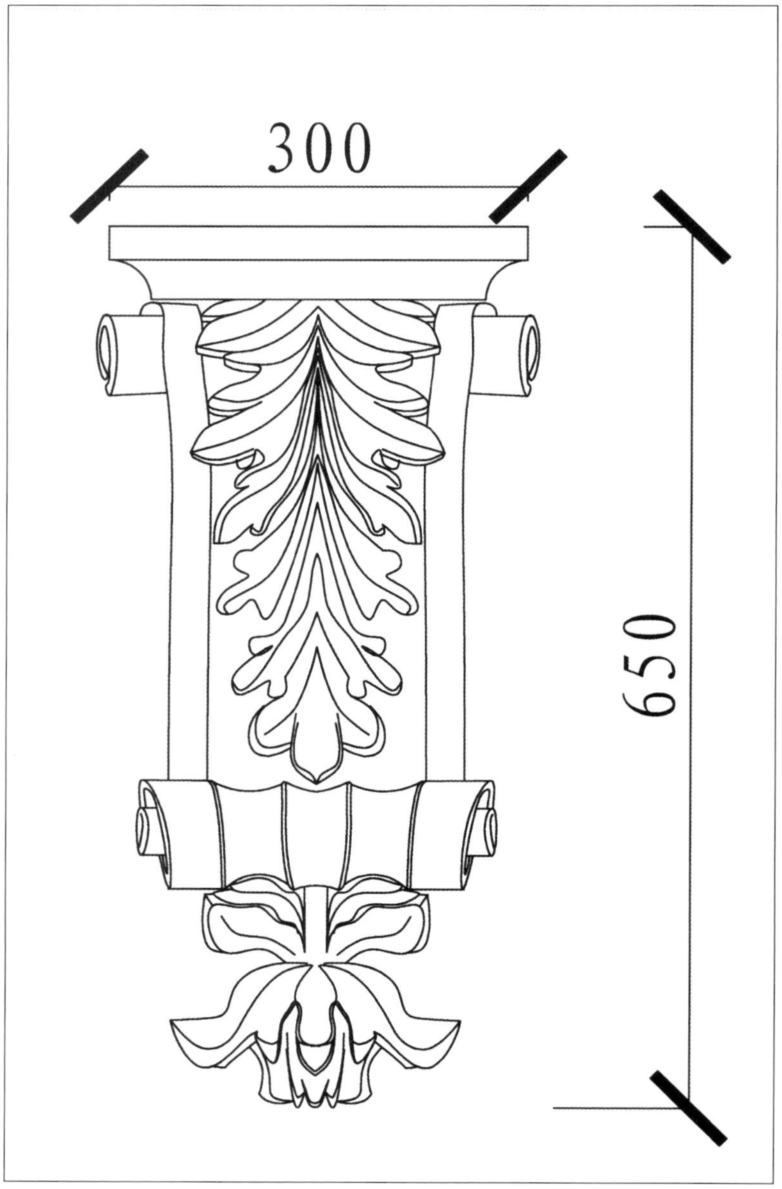
300
650

NS XII PO

SACROS·LATERAN·ECCLES
OMNIVM VRBIS ET ORBIS
ECCLESIARVM MATER
ET CAPVT

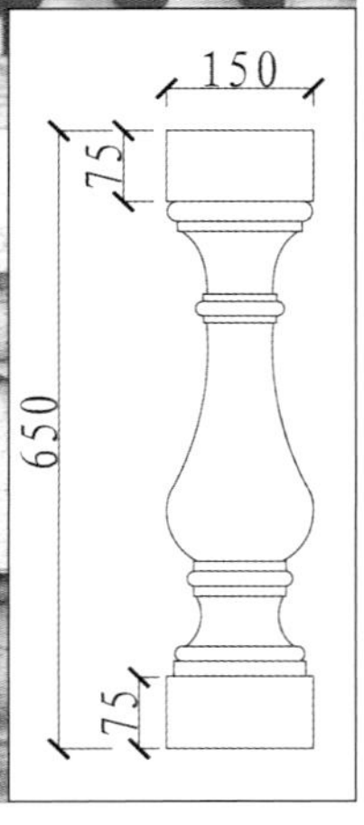
150
75
650
75

室内空间

室内空间：巨大，奢华

古典主义建筑的内部跟外表相差甚远，由于为石拱顶结构，室内空间巨大，富丽奢华，金碧辉煌。在注意外观造型的同时，也发展了室内空间的艺术表现，形状各异却又成为有机的序列。内部空间的装饰富丽奇巧，给人以华美奢侈的感觉。空间组合富有变化，又和谐统一。从不同的角度看，空间的造型又不一样。室内的楼梯走道呈弯弯曲曲的螺旋，光线从不同的窗户透进来，更加衬托了空间的变幻莫测。顶上的肋拱成组对称，并以山花、人像等装饰。

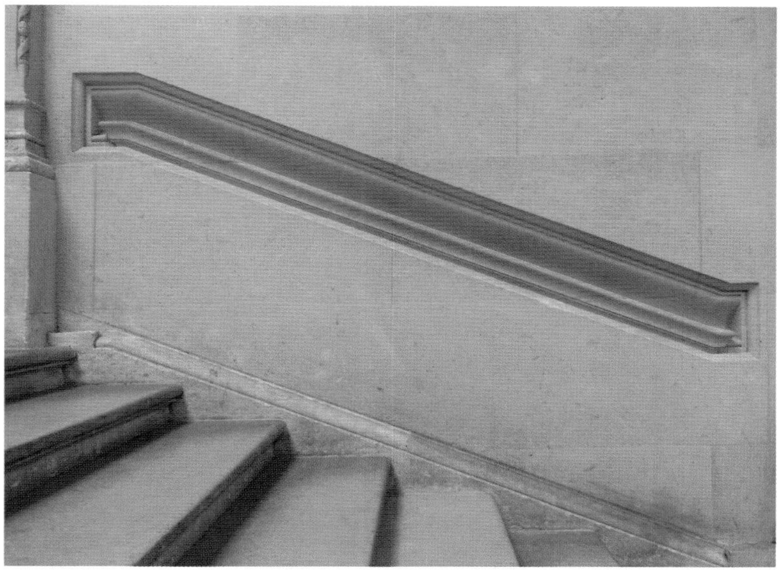

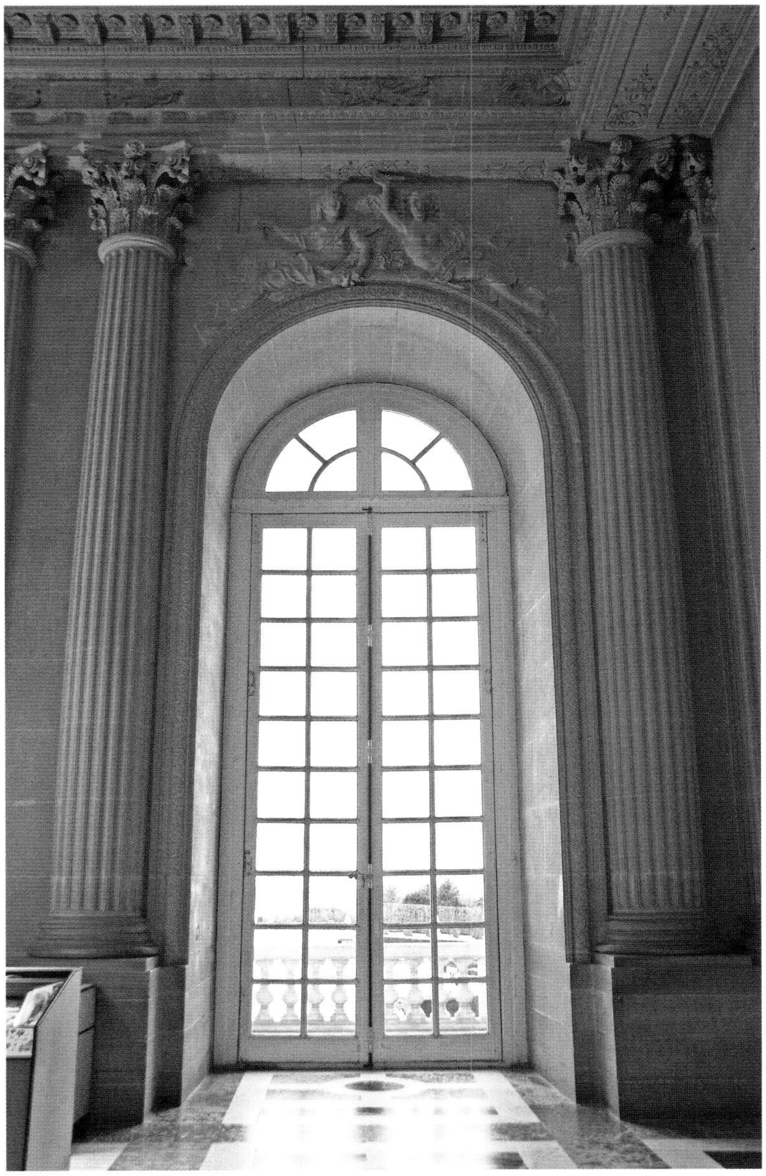

TONY
CRAGG
Figure out /
Figure in
TONY CRAGG
Figure out / Figure in

1220
1908
1421
1036
1248
1350
2674
8246
1340
2438
4668
2166
7824
0 1 2 3 4 5 6 7 8米

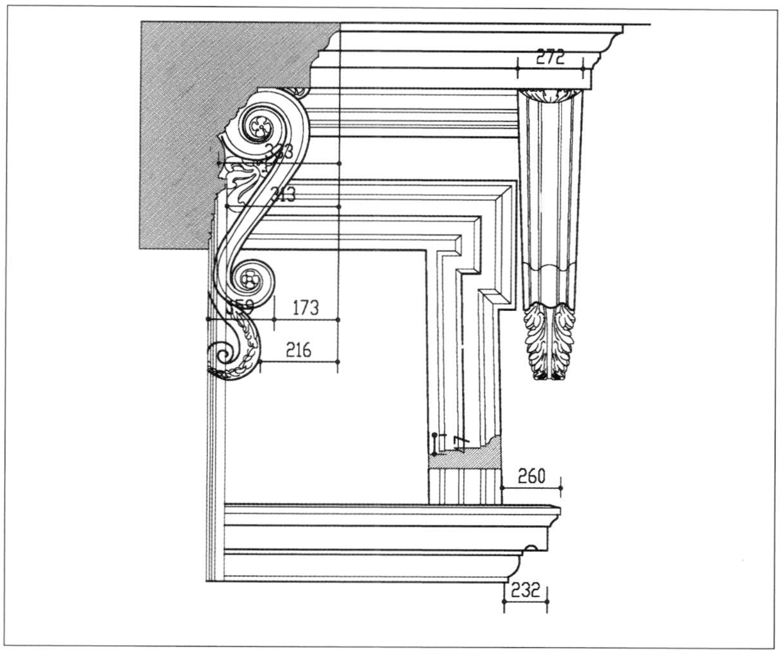
272
313
159
173
216
260
232

柱头、柱身

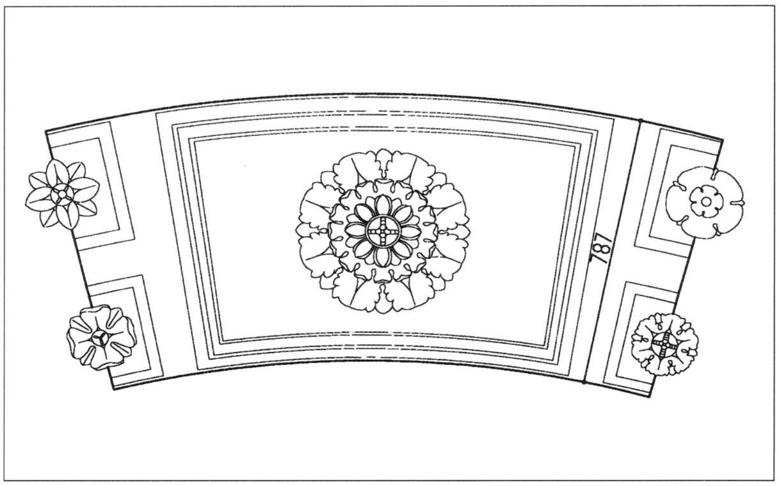
787

18世纪中叶到19世纪末是欧洲从古代向现代过渡的重要阶段，资产阶级革命使资产阶级建立了资本主义政治制度，工业革命使资本主义经济得到了迅猛的发展。随着资本的积累和经济地位的大幅提高，资产阶级已经上升为各社会阶层的主导力量，正式登上了历史舞台。由于政治需要，新生力量希望能够在各国创造出属于自己的文化样式，而不再是被推翻的封建王朝的延续。然而，建筑上刚刚突破方兴未艾的转换期，自身文化特质尚不成熟，很难在短时间内产生自己独特的建筑风格，所以他们不约而同地将目光投向了古典建筑。

建筑创作中的复古思潮是指从18世纪60年代到19世纪末在欧美流行着的新古典主义、浪漫主义与折衷主义。新古典主义建筑是指18世纪60年代到19世纪末在欧美盛行的古典建筑风格。它采用严谨的古希腊、古罗马建筑的形式，又称为古典复兴建筑。浪漫主义建筑是18世纪下半叶到19世纪上半叶活跃在欧洲的建筑风格。它表现为追求超

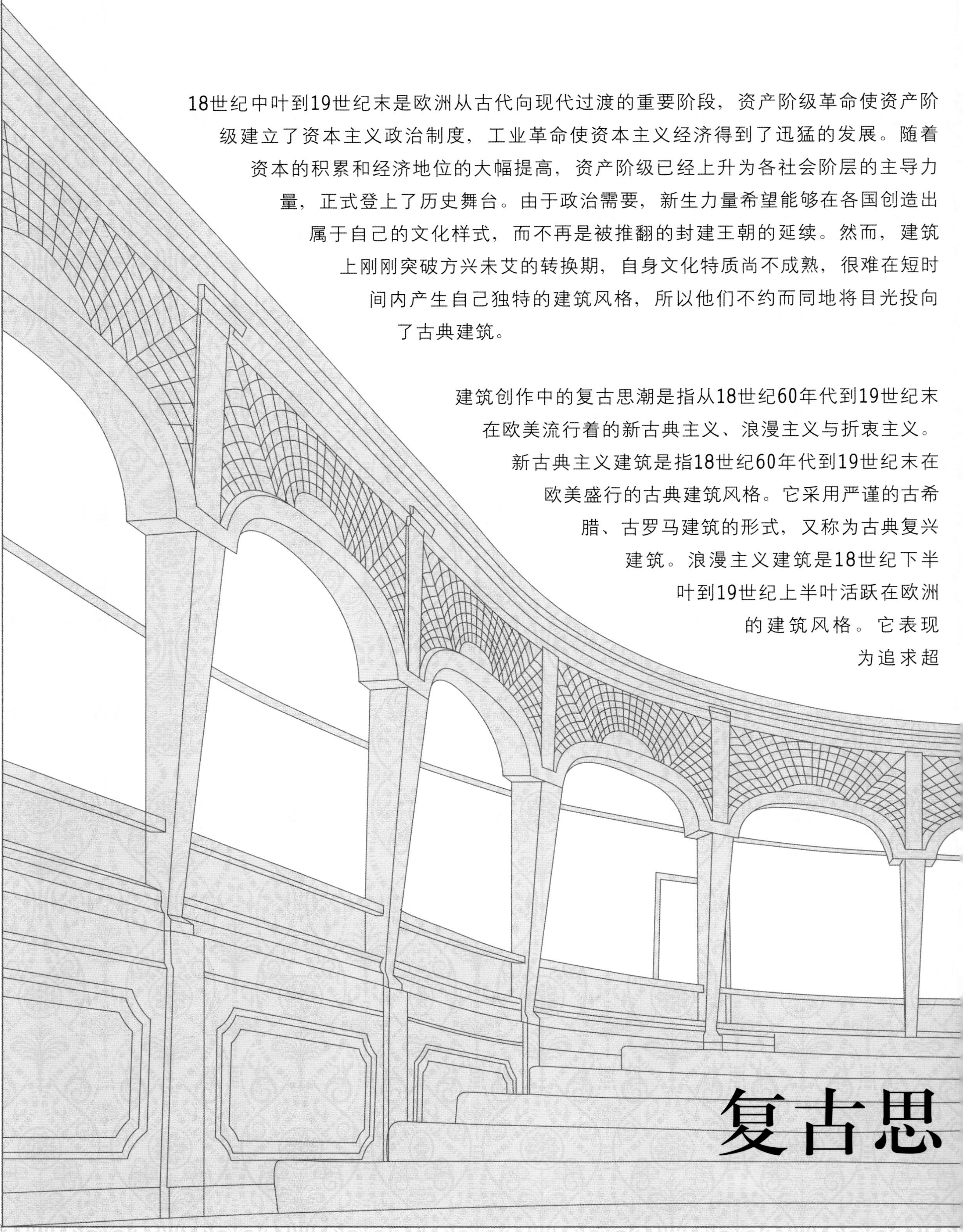

复古思

凡脱俗的趣味和异国情调。折衷主义建筑是19世纪上半叶至20世纪初在欧美盛行的另一种建筑风格。折衷主义建筑师任意模仿历史上各种建筑风格，或自由组合各种建筑形式，他们不讲求固定的法式，只讲求比例均衡，注重纯形式美，也称为集仿主义建筑。

复古思潮集中反映了当时的时代特征，体现了当时资产阶级刚刚登上历史舞台时对于文化的热切追求以及自身发展不足的重重矛盾。复古思潮时期的建筑恢弘而宽敞，轴线对称，典雅庄重，几何放射，充满对权力的渴望与敬畏，但在城市布局、建筑安排、景观设计上与功能严重脱节。

尽管复古思潮时期的建筑有其自身的消极性，但是它仍在这一百多年里给欧洲建筑史书写了极富文化气息的一页。它传承了历史文化，优雅古典而不失浪漫，包罗万象的建筑思想闪烁着人类创新的智慧。

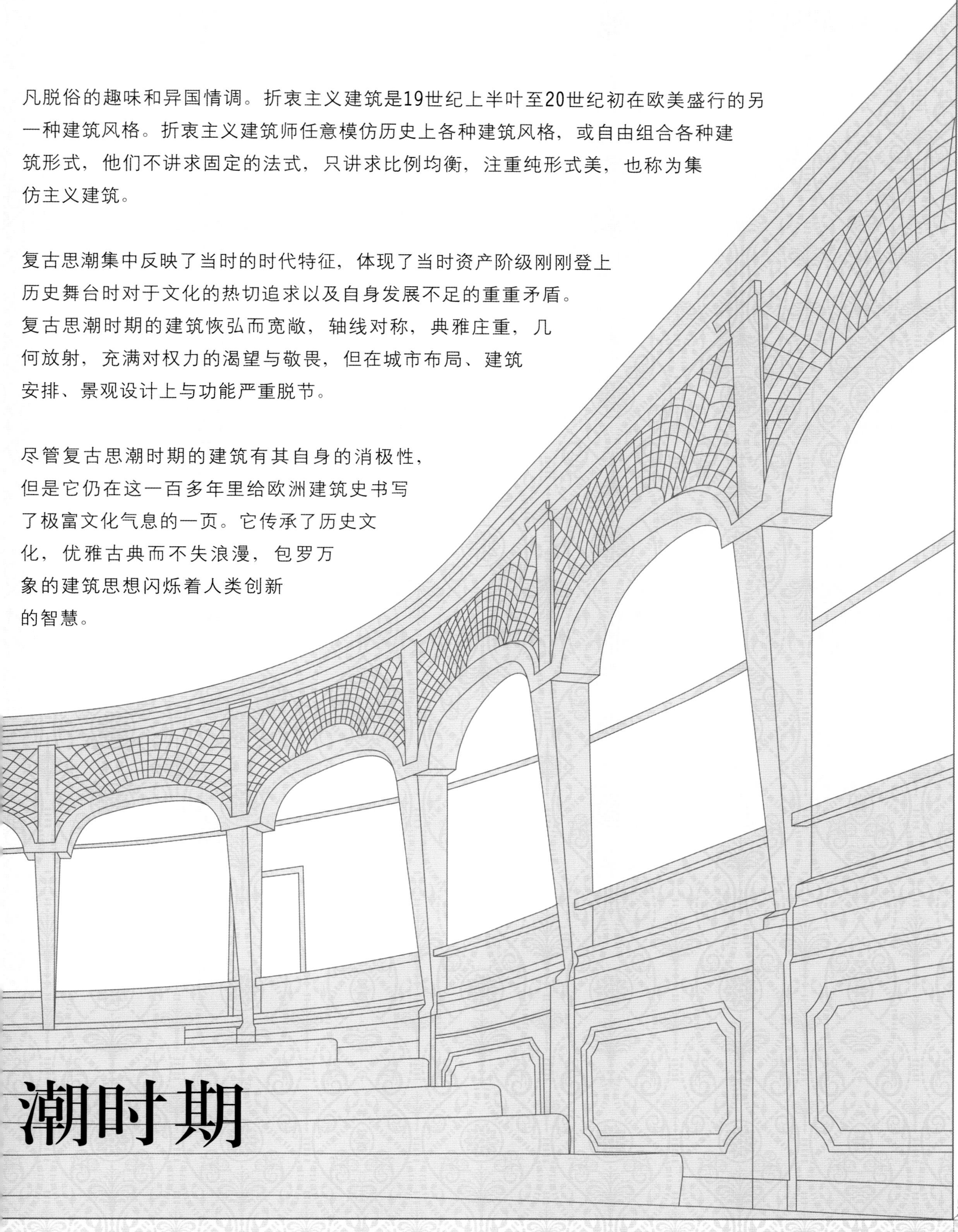

潮时期

18世纪末到19世纪初的欧洲历史处于一个特殊的时期，在这段时间里，轰轰烈烈的启蒙运动进行得如火如荼。启蒙思想家们对教会权威和封建制度采取怀疑和反对的态度，把理性推崇为思想和行动的基础、准则。而人类对理性的认识开始于古希腊时期。这一思想反映在建筑领域，赋予了建筑新的理性意义。

这一时期考古方面的重大发现引起了社会各界的广泛关注。大量的古建筑被西欧建筑师和考古人员发现。此前，人们对古典建筑的了解基本上是间接的，主要来自历史文献。而这些新发现使古典建筑直观地展示在世人面前，人们被古典之美震撼了，一个新的建筑思潮——新古典主义由此诞生了。

新古典主义建筑

新古典主义建筑提倡复兴古希腊和古罗马的建筑风格，古罗马的广场、凯旋门和记功柱等纪念性建筑成为效仿的对象。其特点是构图规整，追求雄伟、严谨。一般以粗大的石材砌筑底层基础，以古典柱式和各种组合形式为建筑主体，加以细部装饰，实际就是经过改良的古典主义风格。新古典主义建筑一方面保留了古希腊和古罗马建筑的材质、色彩的大致风格，另一方面又摒弃了过于复杂的肌理和装饰，简化了线条。

采用这种风格的建筑主要是法院、银行、交易所、博物馆、剧院等公共建筑和一些纪念性建筑，而对一般的住宅、教堂、学校影响不大。在复兴古典形式时，各国也略有不同侧重。如法国以罗马复兴式样为主，而德国以希腊复兴式样为多。

ADMIRAL TEGETTHOFF

Votivpark
Freyung
Rathauspark

OSRAM
LEDERWAREN
KOFFER
SÜD-HANSA
Betoninstandsetzung
Tiefgaragensanierung
CAFE-BAR
GameStop
Hetzenecker
Lederwaren

DER DEUTSCHEN KUNST MDCCCLXXI
Alte National-galerie
SCHINKEL

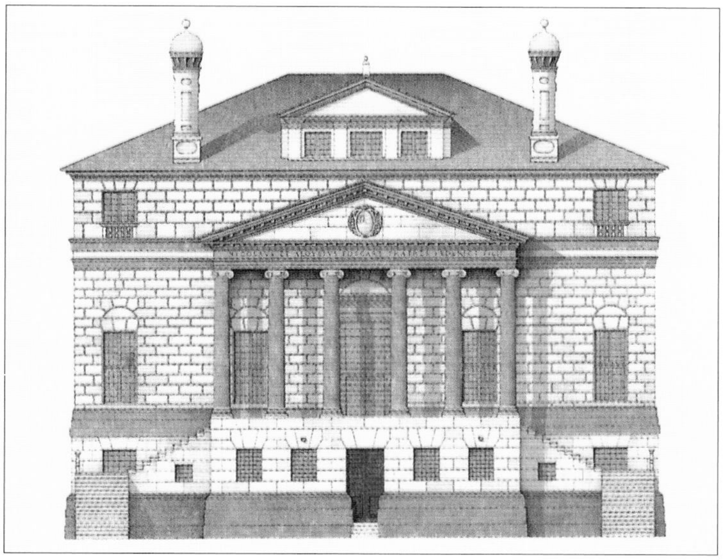

chappaz

K·K·HOFBURGTHEATER
Buchhandlung Leporello
Kartenvorverkauf
Eingang Führungen

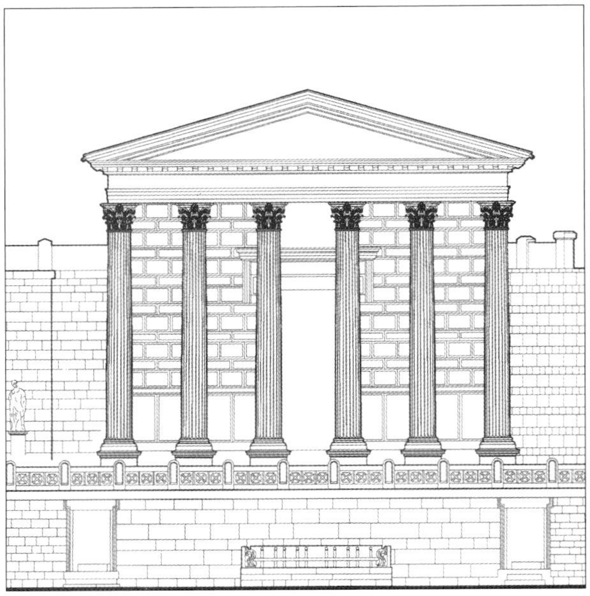

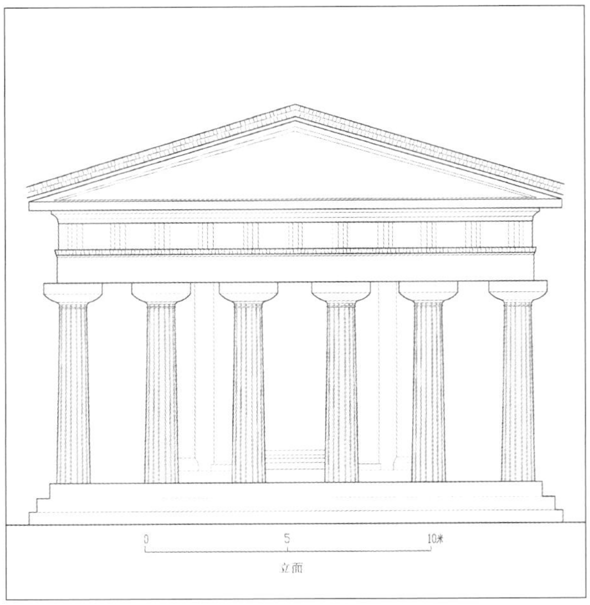

立面

屋顶

屋顶：穹隆顶，坡屋顶

希腊复兴式建筑的屋顶较平，采用双面坡屋顶，罗马复兴式建筑采用了古罗马时期的穹隆屋顶，起到统帅作用。有的新古典主义屋顶呈简单的三角形或三角屋脊形，强调脱颖而出、挺拔的整体效果。而有的屋顶为低坡度的山墙或四坡顶，在三角形屋檐下及正门廊的屋顶下有宽长的上楣带。正面檐口或门柱上往往以三角形山花装饰，与底层重块石取得互相呼应的效果，屋顶上多有精致的老虎窗。有的还在屋顶沿街或转角部位加穹隆顶阁楼亭，使整体显得恢弘、庄重。

ANNO
MDCCCVC

Casino

墙

墙：简单，质朴

为了达到复兴古典时期的效果，墙面大多用浅色，如采用浅灰色石材砌筑，使外墙看起来简单、质朴。新古典主义建筑在格式上与古典主义风格相仿，追求构图规整、经典而传统的建筑符号。墙下层通常用重块石或画出仿古砌的线条，显得稳重而雄伟。檐口及天花周边用西洋线脚装饰。有的外墙材料采用了石材与大面积高级外墙砖混搭处理，通过精确的分割模仿古典砖墙的手工效果，重点部位用全石材饰面，彰显建筑的厚重感。

1.,Schmerling-
platz

GAZ
GAZ

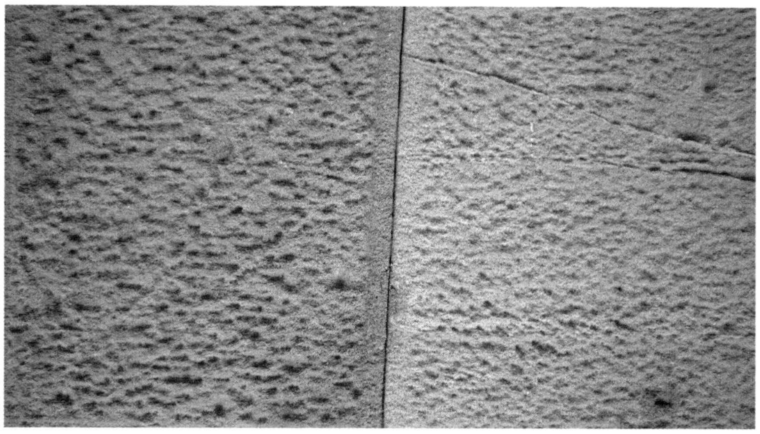

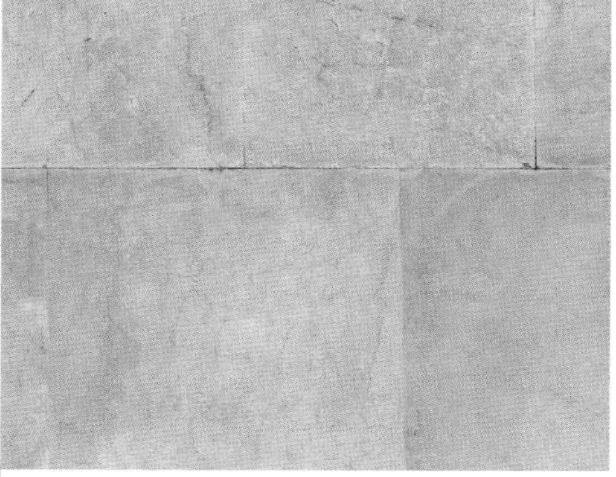

窗

窗：矩形窗，拱形窗

新古典主义建筑的窗户去繁从简，把古典建筑元素融入建筑中。窗户上的三角形山墙、周边的山花、涡卷装饰、人物雕像等，使古典的雅致得到完美的体现。把抽象的古典主义以简化的方法，或者说以写意的方法提炼出来的古典建筑元素或符号巧妙地融入建筑中，创造出一种富有张力的和谐，最终把一切古典的元素用简化的形式表达出来。很多窗户也与柱式相结合，在两边分别有简单的立柱。总之，不管是简单粗犷或装饰细腻，在每个窗户上都把古典元素体现得淋漓尽致。

800
130

HEROISMUS
EGOISMUS

S

S

LAVOISIER

LAVOISIER

STAEDELSCHES KUNSTINSTITUT

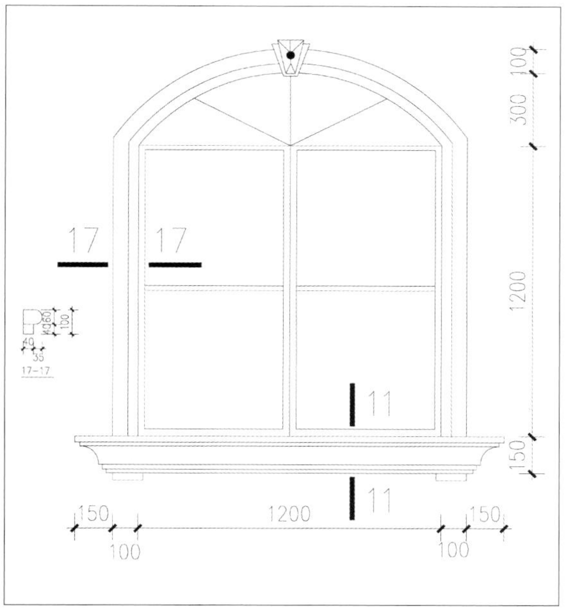
100
300
1200
150
17
17
17-17
11
11
150
1200
150
100
100

SCHILLER

SCHILLER

An Frohsinn reich u. an Gemüth

N

NEC

NEC

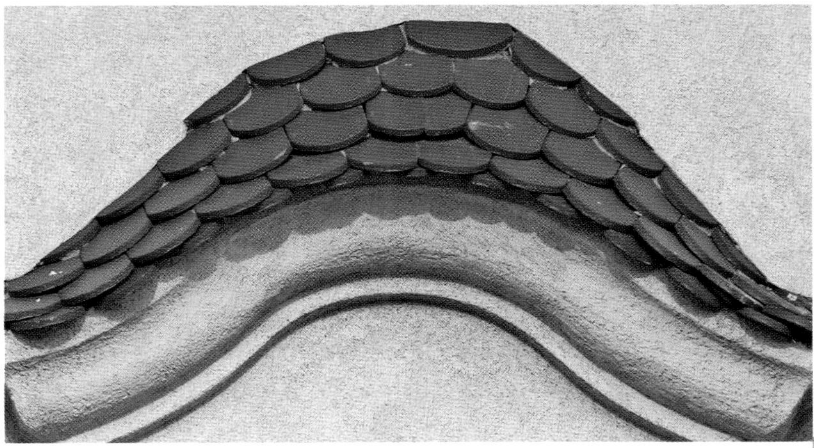

HEBBEL.
GRILLPARZER.
FRIEDRICH HALM

SCHILLER.

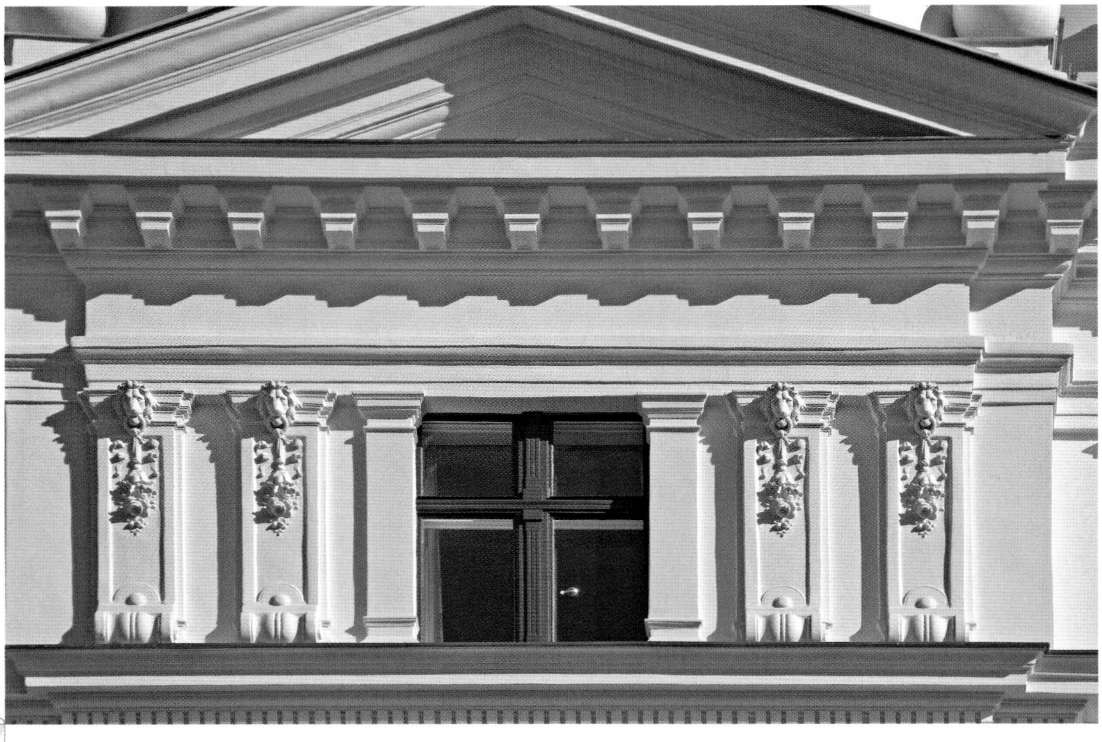

N

N

PAUL & SHARK
Ehemaliges Palais
BARTOLOTTI-
PARTENFELD
Um 1720 vermutlich nach
einem Entwurf von
Johann Lukas v. Hildebrandt
erbaut.
W

A.D. 1897-98

gyn-marienplatz21.de

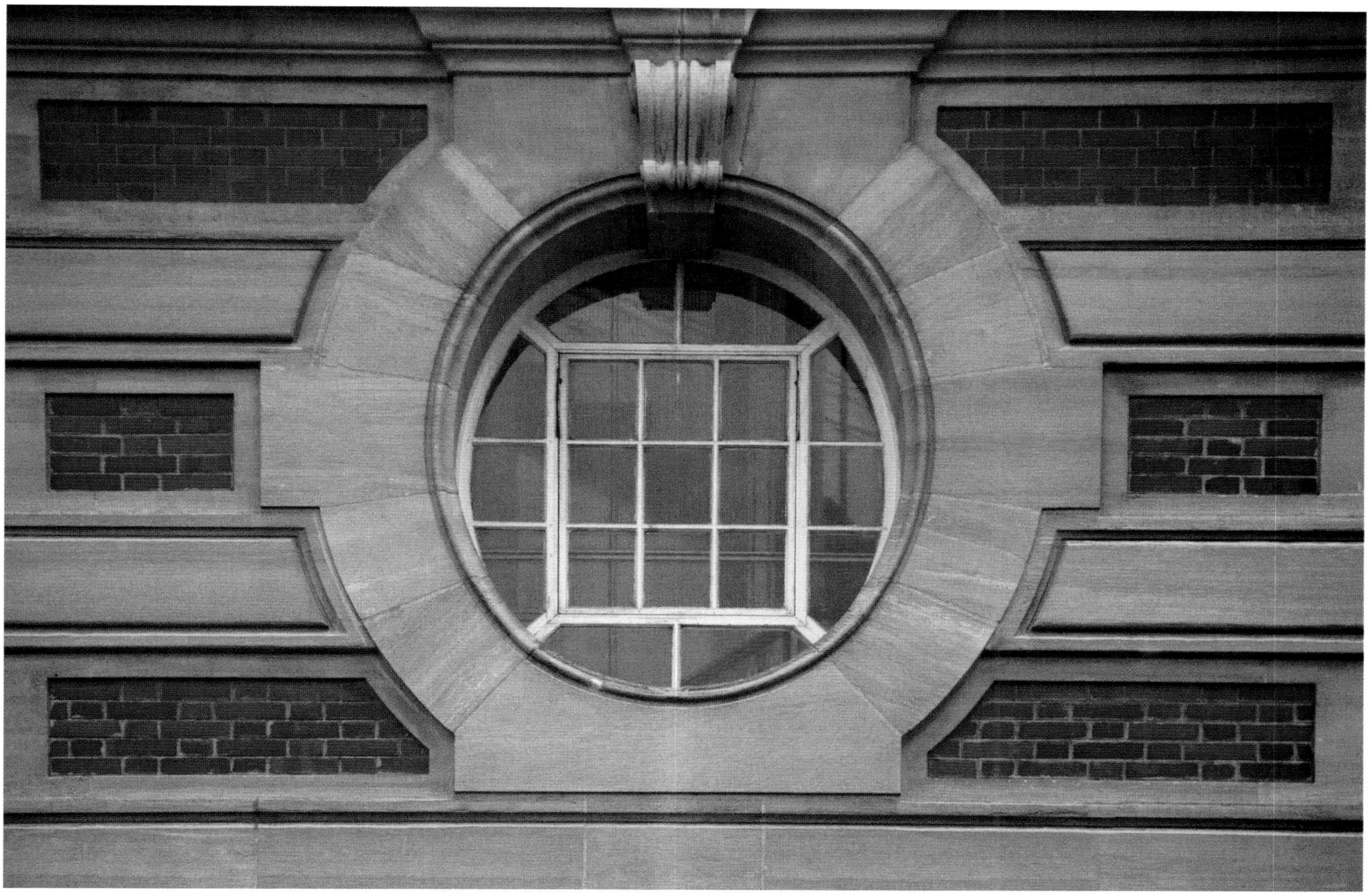

门

门：拱门，方形门

新古典主义建筑的门总体较简洁，装饰较少，造型主要是拱形和方形。在方形门上，采用古希腊时期的三角形山墙，拱门则是采用古罗马时期出现的圆拱形式。在门的四周有的会配上山花、涡卷、人物雕像等装饰。在门的材质上有木门、铁门、铁艺门和玻璃门等。木门多为复古风格，有的在门上配以简单的线条装饰，有的则布满涡卷、山花、人像等装饰。铁艺门则看起来更复杂一些，不管是什么造型，什么材质，都力求复古，呈现历史的厚重感。

CASERNE DE LA CITÉ

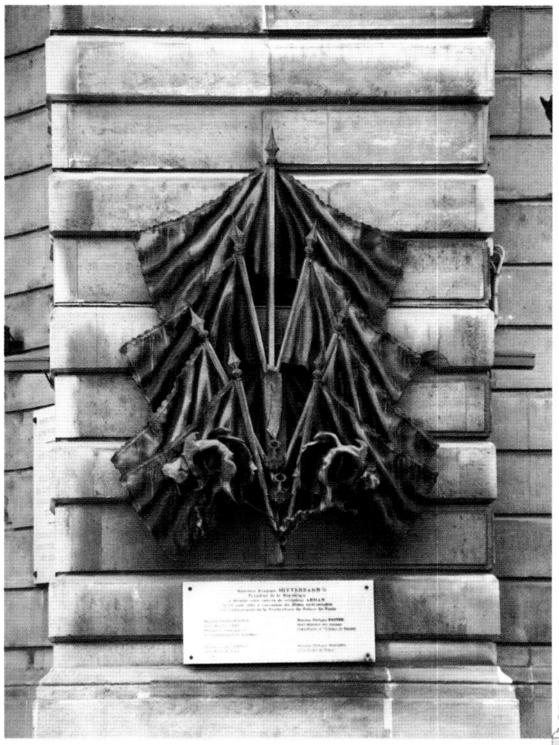

1864

1864

2

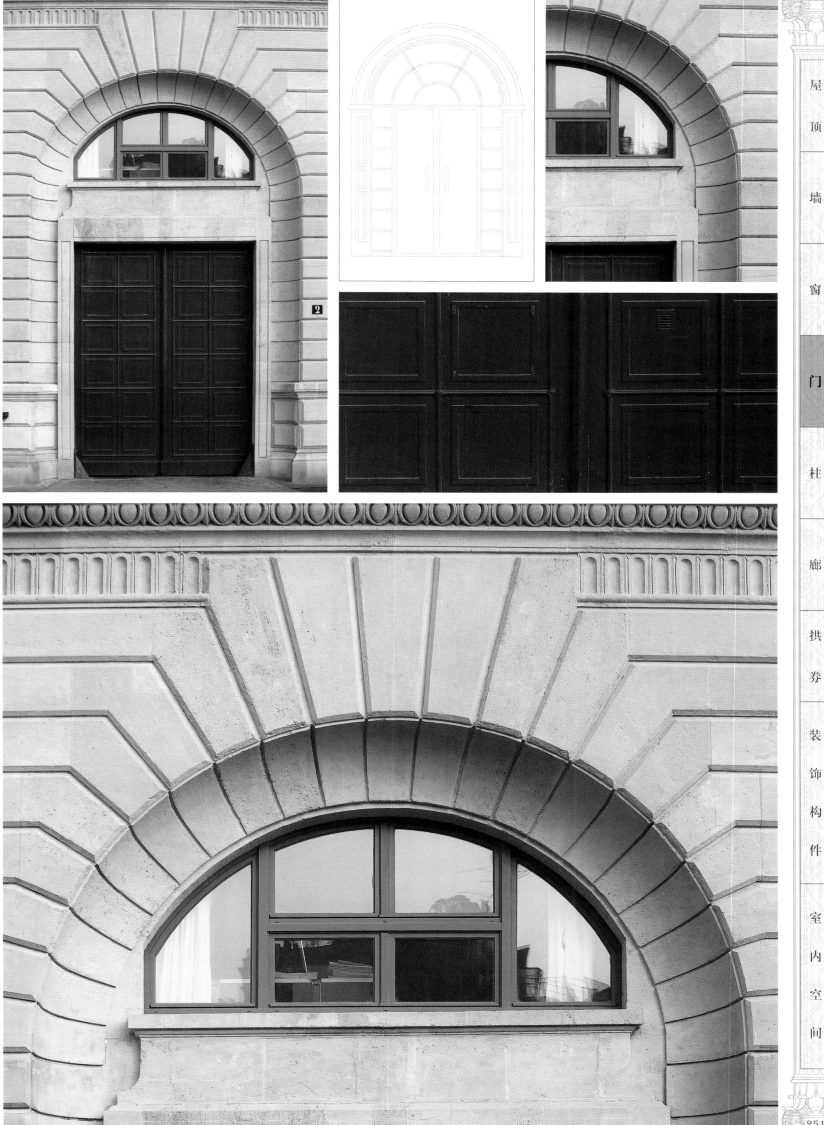

ADRIA
EQUITABLE

ITABLE

ADRIA
EQUITABLE

52
Sozialgericht Berlin

52

52

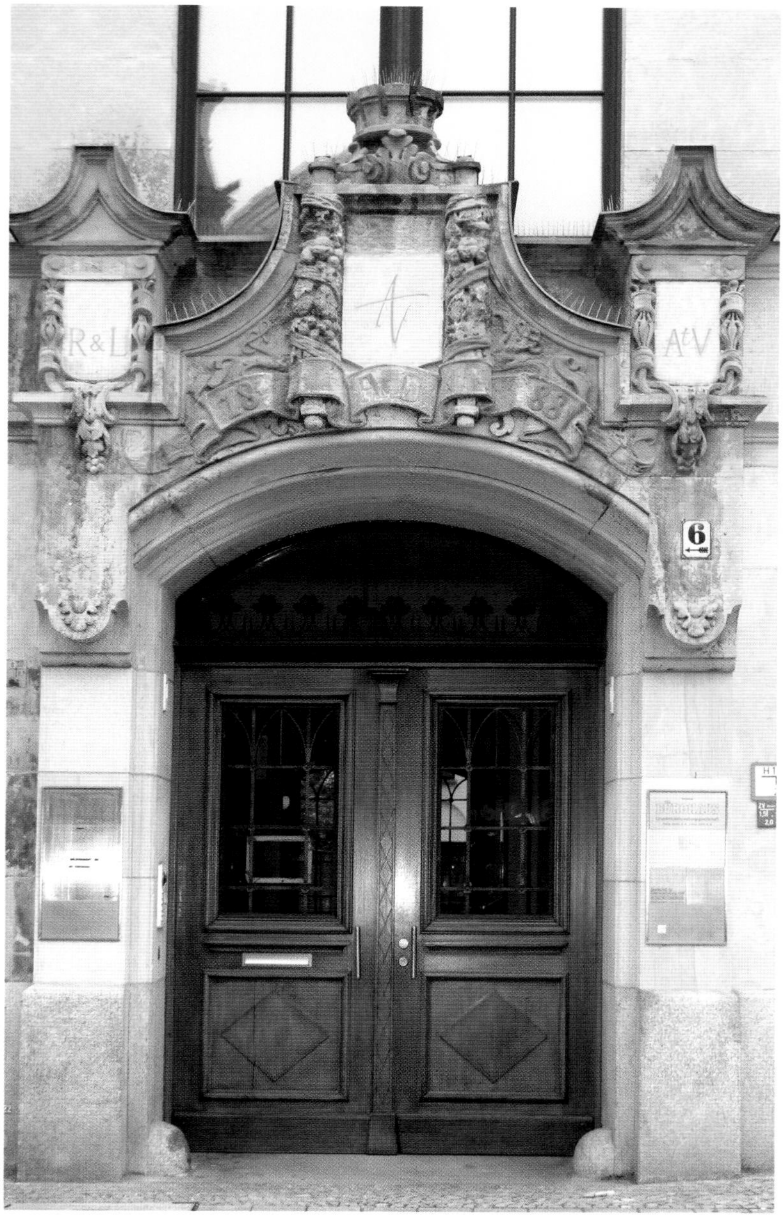

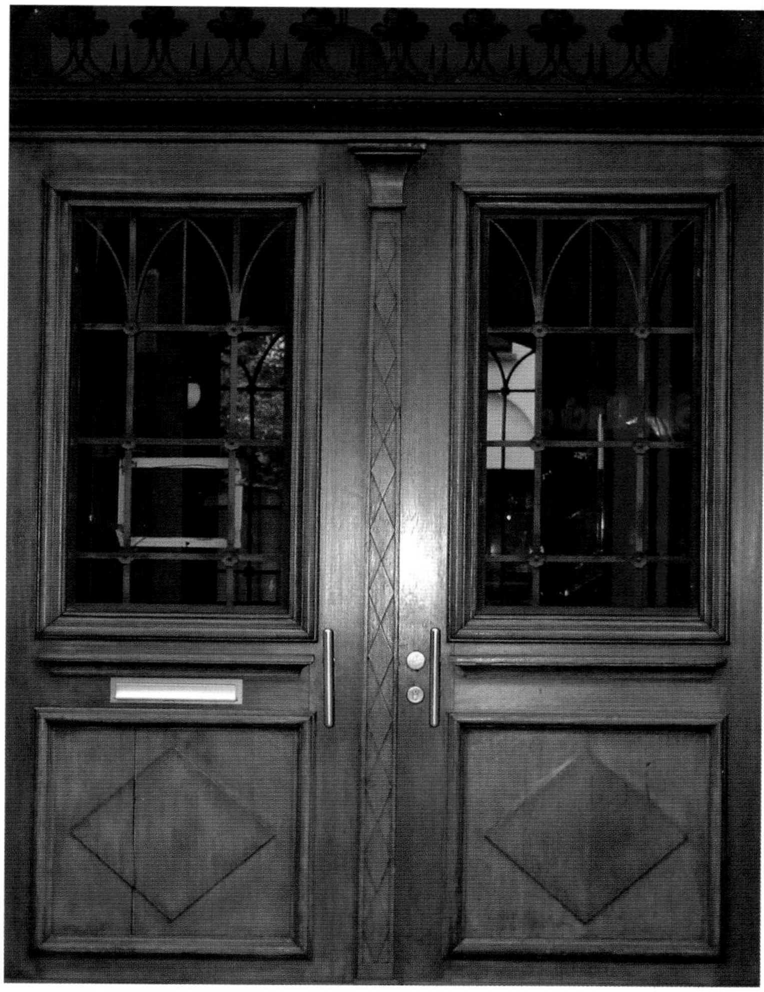

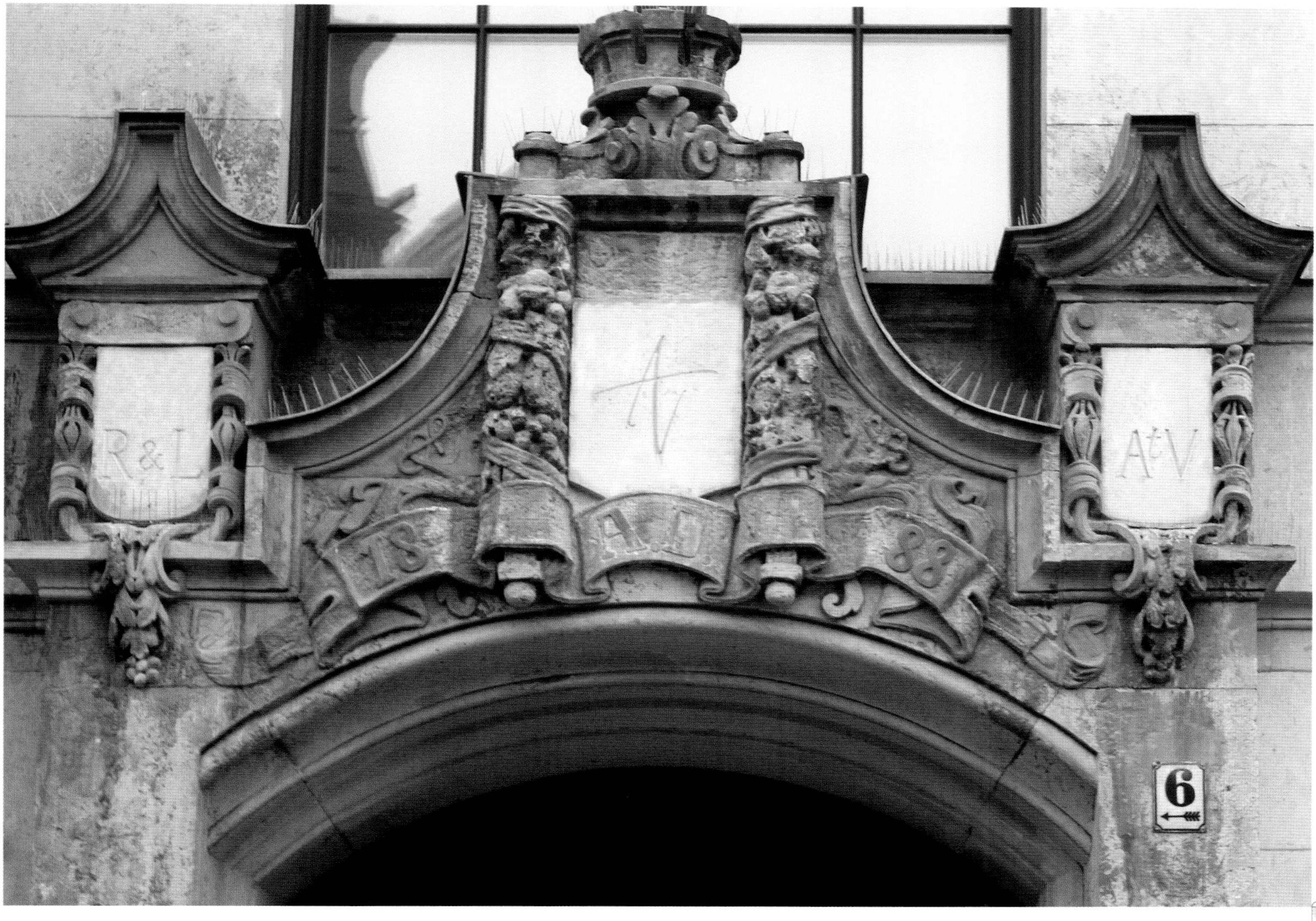

屋顶
墙
窗
门
柱
廊
拱券
装饰构件
室内空间

UniCredit Banca
3

WeltBurgDorf
Eingang Führungen
Führung: „Hinter den Kulissen des Burgtheaters"
Führung: „Klimt im Burgtheater – Angelika Prokopp Foyer"

WeltBurgDorf
Führung: „Hinter den Kulissen des
Führung: „Klimt im Burgtheater – Angeli

94

94

6
Schmerling-Platz
Bitte
Einfahrt
freihalten
BENÜTZUNG
NUR MIT
GENEHMIGUNG
DER PARLAMENTS

6
Schmerling-Platz
BENÜTZUNG

柱

柱：圆柱

新古典主义建筑大多采用古希腊或古罗马柱式，如多立克柱式、爱奥尼克柱式、科林斯柱式。尤其以庄重的多立克柱式为时尚，使整个建筑物显得雄伟、壮丽。有的建筑正面三角形山墙下配以一整列的巨柱，有的在走廊上呈现一排排的巨柱，有多立克柱、爱奥尼克柱、科林斯柱及组合柱，甚至会仿效古希腊时期的女郎雕像柱，顿时使整个建筑有了人的活力。这时的柱身也被赋予多样的装饰，有横条装饰、竖条装饰，也有局部的各式花纹装饰。除大部分的圆柱外，也有少部分的方柱，形状大小不等。

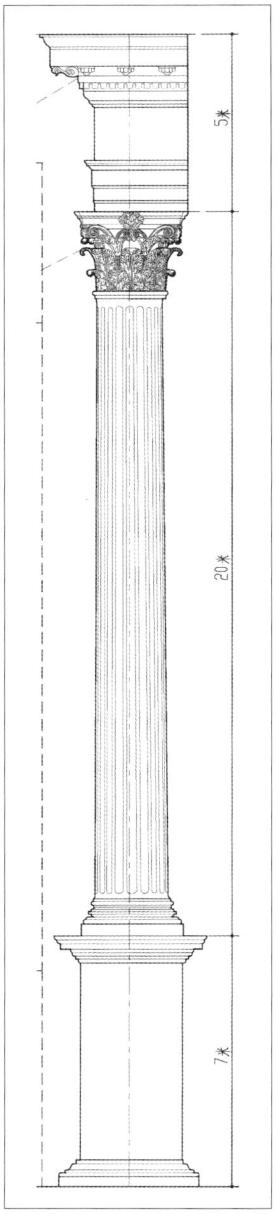
5米
20米
7米

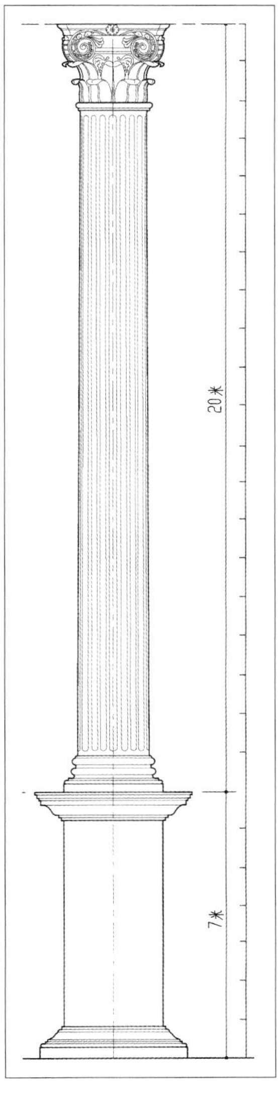

20米
7米

P KASSA

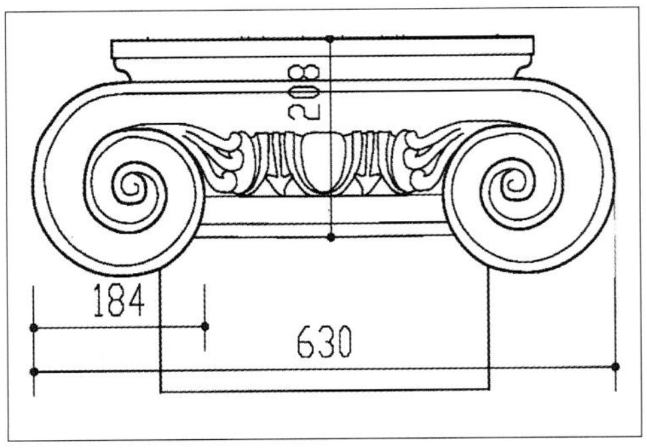
208
184
630

ET ARTIVM LIBERALIVM

DEUTSCHEN KUNS

JDC
URBAN STORE

Nagler-
Gasse.

I. Sto
Tuchla

KAUF WAS
GUTES
KAUF BEI
HIRMER
KAUF WAS
GUTES
KAUF BEI
HIRMER

HIRMER
HIRMER
STUDIO

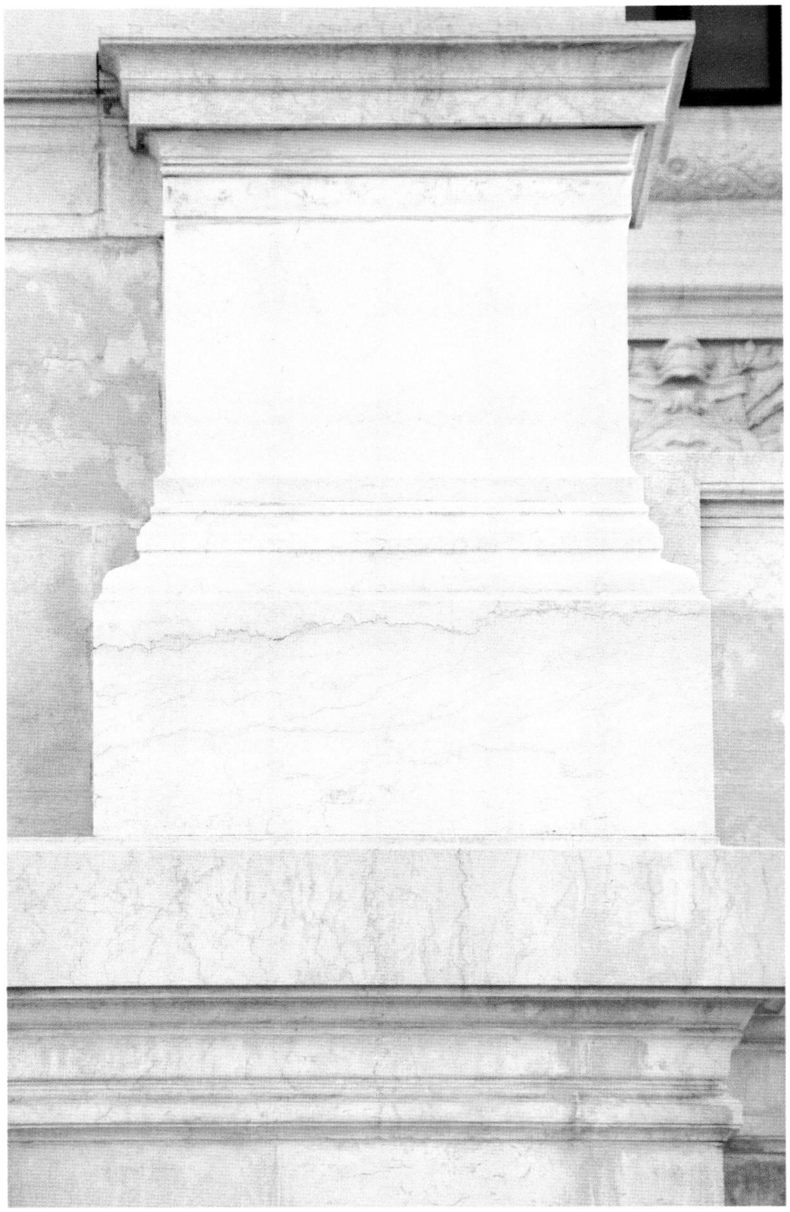

廊

廊：柱廊，拱廊

廊或是采用古希腊时期的柱廊，或是古罗马时期的拱廊，由简单的一长列多立克柱子或科林斯柱子成直线形或环形构成。各条走廊也基本被设计成等长等面积，故每层楼的设计也都是对称的。对于拱廊来说，从外部看有连续的券及整齐的圆柱或方柱构成，券上有几层弧形条状装饰，从里面看顶部，拱顶由一组一组的肋拱组成，周围配以其他的彩绘或雕刻装饰。有的则是平顶，柱子直撑到顶部。不管是哪一种形式，都蕴含了古典元素。

拱　券

拱券：半圆形拱券

罗马复兴建筑采用了古罗马建筑的拱券结构，柱式同拱券的组合，如券柱式和连续券，既作结构，又作装饰，如凯旋门大多是券柱式构图。拱券源自古典主义的装饰题材和图案，全部以一种简化的形式表现出来，简洁有力，朴实高雅。有的拱券出现在窗户上，有的在门上，有的在廊上，有的在墙上起装饰作用。有的拱券以粗糙的石材作为立面，两边配上简单的多立克柱，以粗大的基座支撑，上边装饰人物雕像，使整个拱券更有古典的风范。

CAFE • RESTAURANT
Johann
CAFE • RESTAURANT

ANFAHRT RECHTS.

JDC
URBAN STORE

JDC
URBAN STORE
JDC
URBAN STORE
JDC
URBAN STORE
JDC
URBAN STORE
CAMICIE
50%

KARSTADT sports
KARSTADT
Reisebüro
KARSTADT
Thomas Cook
KARSTADT
Reisebüro

SCHUBECK
ORLANDO

MÄNNER
SCHLUSS
VERKAUF

Fanshop
SPORTSBAR
3.Etage

HIRMER

HIRMER
HIRMER

DEM GEDAECHTNISS KOENIGS
FRIEDRICH WILHELM IV.
KOENIG WILHELM

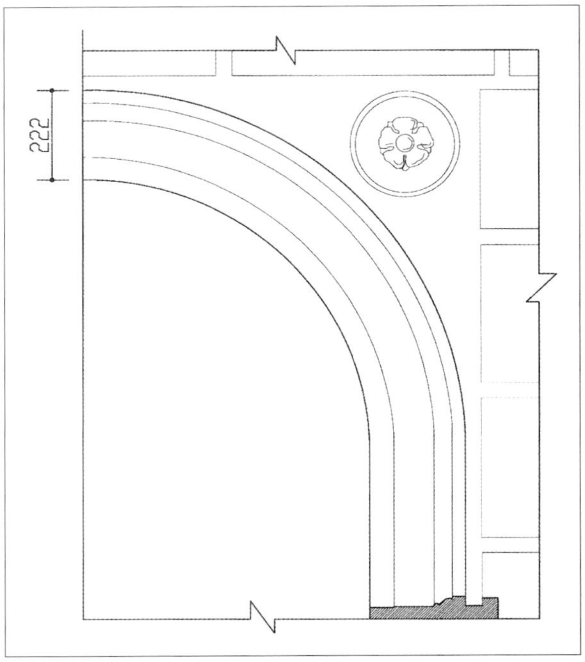
222

DEM GEDAECHTNISS KOENIGS
FRIEDRICH WILHELM IV.
KOENIG WILHELM
1886.

装饰构件

装饰构件：三角形山墙，山花，浮雕，拱券

新古典主义建筑将古典元素抽象化为符号，既作为装饰，又起到隐喻的效果。在很大程度上，是在历史与现实、建筑与环境之间建立一种文脉上的勾连，并产生修辞效果。新古典主义建筑的装饰比古典时期的建筑显得更加简单和质朴。在模仿古希腊建筑时，形体简洁，少装饰，正面一般为三角形的山墙，立面主要装饰是山花，并有人物雕刻雕塑。以法国为代表的罗马复兴建筑，大量模仿古罗马时期的拱弧结构和穹隆顶，多有拱券构图或穹顶构图，喜用围柱廊，多铭刻。

K·K·HOFBURGTHEATER
LESSING
GOETHE
SCHILLER

Le
MERIDIEN
Parkhotel
Vietze & Helfrich
ARCHITECTEN
Frankfurt a/M.

10

1880

D.MATTHIAS.EL
ROM.IMP.S.AVG.
HVNG.BOH.REX.2C
FF.ANO.MDCXIV

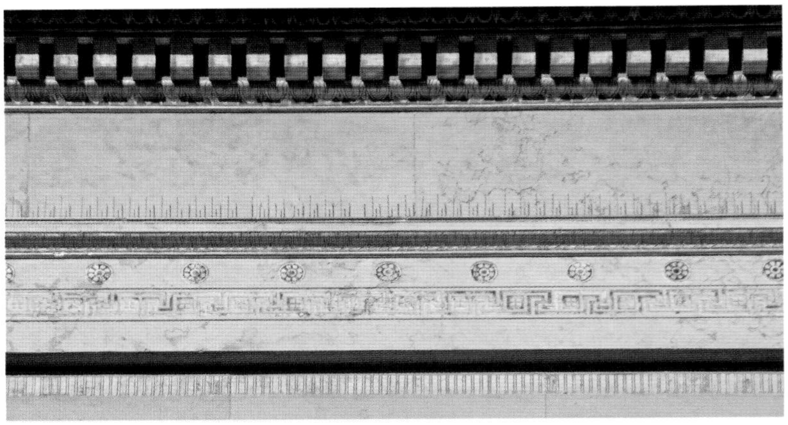

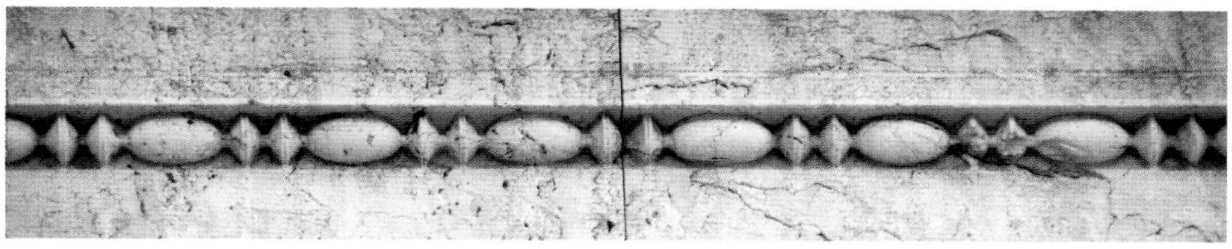
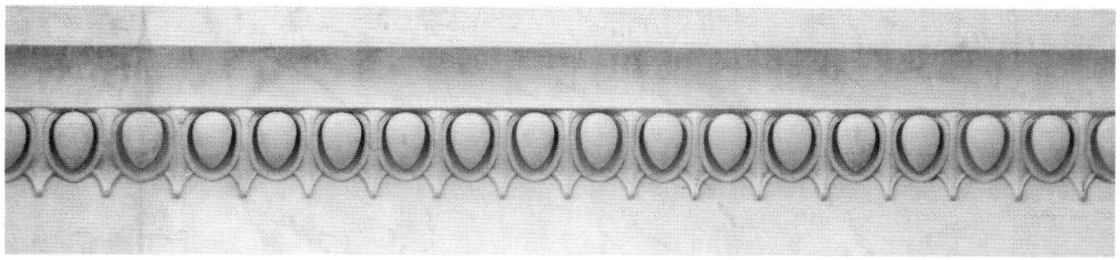

1888

1888

CIVIVM LIBERTATI

CIVIVM LIBERTATI

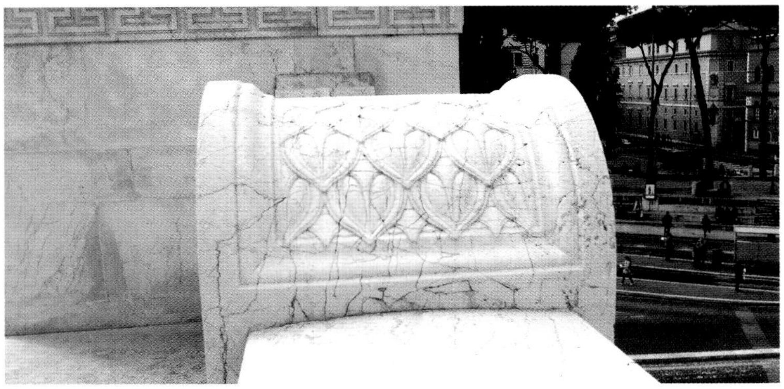

ERNEUERT
A° DN 1907

AVE MARIA GRATIA PLENA ORA P.R.

SPQR

ANSICHT DER OSTSEITE
D. ALTEN RATHAUSES V. J. 1779-1862
ZUR RECHTEN D. STADTSCHREIBEREI
UND DAS OBERRICHTERAMT
VOM JAHRE 1595 BIS ZUM ANFANGE
DES XIX JAHRHUNDERTS

RF

NEC

E

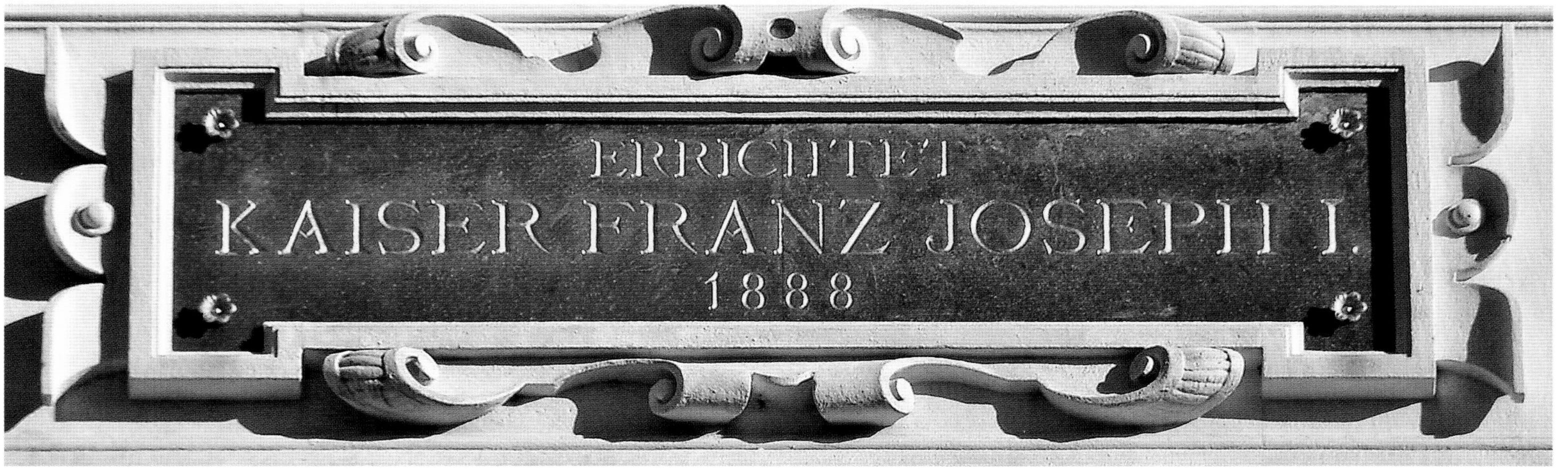
ERRICHTET
KAISER FRANZ JOSEPH I.
1888

I. Stadt.

室内空间

室内空间：人性化

新古典主义建筑创造了一种人性化的室内空间，把建筑从一种冷冰冰的物，变为一种富有人情的空间；把与社会和自然相隔绝的空间，变为一种同社会和自然展开对话的空间，使整个空间给人以开放、宽容的气度。新古典主义的精华来自古典主义，但不是仿古，更不是复古，而是追求神似。内部装饰也与外观相匹配，以简单的线条装饰为主。在穹顶上布满圆圈或方格及人物雕像装饰，有的拱顶是肋拱，下面由一排的柱子支撑，既有圆柱也有方柱，使得整个空间诠释着古典的韵味。

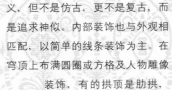